SHIYE YINLINGXING
NONGYE KEYAN XIANGMU
ZUZHI JIZHI YANJIU

事业引领型
农业科研项目
组织机制研究

邓小明　张松梅　葛毅强　童玉娥　张　辉　主编

中国农业科学技术出版社

图书在版编目（CIP）数据

事业引领型农业科研项目组织机制研究／邓小明等主编. --北京：中国农业科学技术出版社，2024.4

ISBN 978-7-5116-6766-3

Ⅰ.①事… Ⅱ.①邓… Ⅲ.①农业科学-科研管理-研究-中国 Ⅳ.①S-36

中国国家版本馆 CIP 数据核字（2024）第 075247 号

责任编辑　朱　绯
责任校对　马广洋
责任印制　姜义伟　王思文

出　版　者　中国农业科学技术出版社
　　　　　　北京市中关村南大街 12 号　　邮编：100081
电　　　话　（010）82109707（编辑室）　　　（010）82106624（发行部）
　　　　　　（010）82109709（读者服务部）
网　　　址　https://castp.caas.cn
经　销　者　各地新华书店
印　刷　者　北京建宏印刷有限公司
开　　　本　170 mm×240 mm　1/16
印　　　张　11.5
字　　　数　219 千字
版　　　次　2024 年 4 月第 1 版　2024 年 4 月第 1 次印刷
定　　　价　80.00 元

《事业引领型农业科研项目组织机制研究》
编 委 会

主　　编：邓小明　　张松梅　　葛毅强　　童玉娥
　　　　　张　辉
副 主 编：王文月　　卢兵友　　王立丽　　杨经学
　　　　　王　峻　　朱华平　　胡熳华　　孙康泰
　　　　　夏晓东　　李宇飞
执行主编：董　文　　胡小鹿　　王　静　　李　萌
　　　　　李雅君　　王璐瑶　　郑筱光　　戴翊超
编　　委（按姓氏汉语拼音排序）：
　　　　　蔡　俊　　蔡　明　　陈曦光　　程燕林
　　　　　戴泉玉　　戴翊超　　邓先云　　邓小明
　　　　　董　文　　段悦明　　付广青　　葛毅强
　　　　　郭如海　　何晓燕　　胡熳华　　胡小鹿
　　　　　蒋　立　　焦春昱　　孔　聪　　黎　娟
　　　　　李　萌　　李冰冰　　李静红　　李雅君
　　　　　李转见　　林建英　　刘雨彤　　卢兵友
　　　　　满建国　　孟庆峰　　任　涛　　石吉勇
　　　　　苏　惠　　苏雪强　　孙康泰　　童海燕
　　　　　童玉娥　　王　静　　王　峻　　王立丽
　　　　　王璐瑶　　王文月　　王振忠　　王忠祥
　　　　　魏　刚　　夏晓东　　肖　江　　邢志鹏
　　　　　熊　博　　徐　芳　　徐文道　　杨　甜
　　　　　杨　振　　杨　震　　杨经学　　姚志鹏
　　　　　张　辉　　张　涛　　张　鑫　　张沙秋
　　　　　张松梅　　张志飞　　赵婉莹　　郑筱光
　　　　　朱华平

前　言

党的十八大以来，在以习近平同志为核心的党中央领导下，我国农业科技水平得到显著提升，取得粮食产量连续 8 年保持在 1.3 万亿斤以上，农业科技进步贡献率达到 62.4% 的历史性成就。但随着极端气候事件频发、国际地缘政治争端不断，以及人民群众对农产品消费需求的不断升级，我国粮食生产和消费长期处于"紧平衡"状态。为解决这一问题，必须加强农业关键核心技术、底盘技术突破，从国家层面推动有组织的科研攻关。国家科技计划是科技领域体现国家意志、实施战略科技任务的工作载体，为确保科研项目能够取得预期成效，优化项目组织实施机制就显得尤为重要。本书通过对科研项目组织实施机制的研究，创新性提出"事业引领型组织形式"，深入探讨科研项目组织实施过程中存在的问题和挑战，并提出相应的解决方案和改进措施。秉承"当事业做项目"的责任心，切实提高科研项目实施绩效，产出更多从"0"到"1"的成果，以科技创新助力农业强国建设。

本书深刻阐述构建事业引领型农业科研组织实施机制的重要意义，以及其在实践指导和政策建议上的独特价值。在理论研究方面，注重前瞻性和创新性，期望引发科研项目管理工作者的深度思考。通过对当前科研组织模式进行颠覆性创新，既能为农业科技事业的整体推进提供系统而实用的方法论，又能为引导科研工作者潜心治学提供翔实而清晰的理论指导，成为科研人员在项目实施中的行动指南。在当前锚定建设农业强国目标，加速推进农业科技自立自强的大背景下，适时提出"当事业做项目"的理念，不仅有助于科研人员理清自身学术发展规划，也能为农业科技可持续创新发展勾勒出引领性蓝图。

本书共分为 8 章，对构建"事业引领型农业科研项目组织机制"进行了深入浅出的分析。一是概括全球农业科技发展的变革趋势，为读者提供全局视野，明确农业科技自立自强是实现中国式农业现代化的核心要义，指出有组织科研是推进农业科技自立自强的关键路径，并进一步强调事业引领是弘扬科学家精神的内在要求，阐述构建事业引领型农业科研组织实施机制的重大意义；

二是深入剖析科研组织模式与科研项目的关系，提出将注意力从简单的"做科研项目"转向"做科技事业"，详细探讨事业引领型科研组织模式的内涵、外延与特征，为构建事业引领型组织机制提供理论支持；三是总结全球范围内的典型国家科技项目管理情况，并分析其中的经验与启示，汲取宝贵的经验；四是全面回顾我国科技事业的发展历程，深入探讨发展脉络和演进规律，并通过对我国重大农业科技计划改革进程的分析，揭示农业科技领域的发展趋势；五是详述我国农业科技事业取得的长足发展，突出科技计划在支撑国家战略方面的重要作用，强调事业引领型科研对国家科技自立自强的支撑作用；六是通过具体案例分析，展示科研团队及法人单位各自在农业科技领域"做科技事业"的拼搏精神、创新力量和成效产出；七是明确"做科技事业"的指导思想，并分别从国家层面、项目管理专业机构、项目承担单位等方面提出了实现路径；八是提出强化政策引领、围绕"四个面向"做好顶层规划、优化科研项目组织管理、整合创新资源构建创新生态、深化科技人才评价改革、营造创新氛围等政策建议，为构建事业引领型农业科研组织机制提供政策支持。

　　通过对上述内容的系统研究，本书旨在为事业引领型农业科研项目组织机制的构建提供理论支持、经验启示和实际指导，为推动农业科技的自立自强贡献智慧和力量。

编委会
2024 年 1 月

目　录

第一章 绪 论

科技是国家强盛之基，创新是民族进步之魂。实施创新驱动发展战略，推进自主创新，最紧迫的是要破除体制机制障碍，最大限度解放和激发科技作为第一生产力所蕴藏的巨大潜能。科技计划管理体制改革是重要部分，为高效配置科技资源，强化科技与经济紧密结合提供了重要保障。农为邦本，本固邦宁。农业科技创新具有独特的战略地位，研发活动具有长期性、生命性、区域性、延续性等特征，尤其对种子、耕地等重大战略问题，更需集中力量久久为功。健全新型举国体制，构建事业引领型农业科研项目组织机制，引导科研人员由"做科研项目"向"做科技事业"转变，开展有组织科研，把政府、企业、市场、社会等方面资源力量集聚起来，凝聚一大批具有拼搏奉献精神、家国情怀和使命担当的农业科技人才，形成强大合力，打好关键核心技术协同攻坚战，更好地满足实施创新驱动发展战略根本要求。因此，构建事业引领型农业科研项目组织机制意义重大。

一、全球农业科技发展的变革趋势

农业是世界和平与发展的重要保障，是构建人类命运共同体的重要基础，关系人类永续发展和前途命运。从人们的传统认知上来看，农业提供农副产品，是促进社会发展、保持政治稳定、传承历史文化、调节自然生态、实现国民经济协调发展的物质基础。面对粮食安全、气候变化、逆全球化、人口变化、重大自然灾害、传染性疾病和贫困等诸多重大复杂问题和风险挑战，伴随着新一轮科技革命、产业变革的深度"演化博弈"，全球农业科技创新空前活跃，世界农业发生了深刻变革。全球农业受诸多不确定性因素影响，各国力求以具体行动提升自身农业生产系统的抗风险能力及气候适应能力。当前，在大数据、人工智能及互联网等技术变革场景下，国际农业科技前沿也愈加强调生物技术、人工智能技术、生态环境技术等技术内核，这就要求基础学科及交叉学科的研究要更加关注农业生物特征及农业特定问题。随着科技的不断发展，农业产业也在不断升级换代，新技术和新管理模式不断涌现，推动农业产业向更高效、更优质的方向发展。

（一）全球粮食安全面临严峻挑战

世界人口持续增长、老龄化问题严重，粮食安全面临着前所未有的压力。《世界人口展望报告》预测，2050 年左右全球人口超过 90 亿，21 世纪末突破 100 亿大关。联合国粮食及农业组织（FAO）发布的《2022 全球粮食危机报告》显示，2021 年有 53 个国家和地区约 1.93 亿人经历了粮食危机或粮食不安全程度进一步恶化，比 2020 年增加近 4 000 万人，创历史新高。2022 年全世界有 6.91 亿~7.83 亿人面临饥饿，中位数高达 7.35 亿人。按照中度或重度粮食不安全发生率衡量，全世界有 24 亿人无法持续获取食物，约占全球人口的 29.6%，其中，约有 9 亿人处于重度粮食不安全状况。全球粮食产量应增加 70%~100% 或者更多，才能满足需要，提高单位面积粮食产量是保障粮食供给的唯一有效途径。FAO 报告显示，今后粮食增长的 80% 将依赖单产水平的提高，而单产提高的 60%~80% 来源于良种的贡献。

（二）全球农业发展与耕地资源的矛盾加剧

民以食为天，食以农为源，农以地为本。耕地是农业生产的重要载体。据有关部门估算，耕地供给人类 88% 的食物以及其他生活必需品，农民大部分的经济收入来源于耕地，但占用耕地现象、社会无业人员增多无疑加重了社会负担。耕地不仅是农业的重要生产资源，更是人民生活安定和谐的保障。随着工业化和城市化推进，耕地非农化成为该进程中不可忽视的问题。耕地非农化带来的结果可以直接概括为两方面：其一是耕地面积，其二是耕地质量。在耕地面积上，耕地非农化意味着耕地被占用。而在耕地质量方面，虽然有政策支持——"占优补优"，可一般被占用的耕地都是位于城郊、地势平坦的土地，地力水平高，而补充进来的土地多为刚进行过复垦整理、管理和投入相较前者更显薄弱，耕地质量不尽如人意。此外，随着能源枯竭和短缺问题日益严重，地球生态环境不断恶化，自然灾害加剧，极端气候频发，这些问题对农业生产造成严重影响。当前耕地与环境资源对农业生产影响巨大，解决耕地与环境危机最直接有效的办法，就是依靠科技创新提高农业效率和资源可持续循环利用。

（三）人类营养与健康越来越受关注

世界主要国家快速的经济发展和食物供应的成倍增长，并没有带来理想的健康水平的提高，营养失衡与营养不良并存，与膳食、营养密切相关的慢性非传染性疾病对人们健康的威胁日益突出。FAO 资料显示，全球约有 20 亿人正遭受营养缺乏或营养不平衡造成的隐性饥饿的困扰。儿童消瘦主要是由营养摄入不足、营养吸收不佳和/或频繁或长期患病等因素引发。消瘦儿童体格瘦弱，免疫功能受损，死亡风险较高。2022 年，5 岁以下儿童消瘦发生率为 6.8%，消瘦儿童数量估计 4 500 万人。超重或肥胖儿童面临短期乃至长期健康影响，包括今后更容易患上非传染性疾病。在很多国家，儿童超重率持续增长，且由于运动量日益减少和接触深加工食品更多，形势则更趋严峻。2000—2022 年，全世界 5 岁以下儿童超重发生率从 5.3%（3 300 万人）增至 5.6%（3 700 万人）。食品营养健康已成为国际社会关注的人类发展主题。通过创新驱动，创制优质营养、安全健康、方便特色、高效低碳、智能绿色的新型食品，将是食品产业未来重要发展方向。人们对高品质农产品的多样化需求更加强劲，营养与健康关系更趋密切，系统健康理念对农业科技提出新要求。

（四）世界格局面临多重挑战

当前的世界格局呈现出多元化、复杂化、不稳定性的态势。在核大国、区域强国和新兴发展中国家之间出现了多极化的势态，各国间也因为经济、科技、地缘政治、军事等多方面的竞争而产生矛盾和互相制约。一是全球化依然是大势所趋。全球化已成为不可逆转的趋势，需要各国在不损害自身利益的前提下，共同推动全球经济发展，为达成共赢合作、构建更加公平、稳定、有序的国际经济体系而共同努力。二是科技创新和数字化经济的发展将会不断加速。在人工智能、大数据、区块链等领域，越来越多的国家正在进行研究和开发，而这些技术创新也将在信息技术、生物科技、农业科技等领域推动产业升级，带动经济发展，促进人类文明进步。三是气候变化和环境污染问题将得到更多关注。各国在环保、减少碳排放、推广可再生能源等方面加强合作，以应对全球升温等环境变化所带来的巨大挑战。尤其是经过新冠疫情的教训，全球对于环保和健康的意识得到了更高的重视。

世界格局正在由"一超多强"朝着"多极化"快速演进，世界多极化和非西方力量的上升是时代前进的方向，地区主义和区域主义盛行，逆全球化显现，地缘政治热点博弈复杂激烈，全球经济放缓和"孤岛化"趋势加强，下行风险逐渐上升，世界格局不稳定性、不确定性更突出。当多边贸易体制遭受单边主义挑战，双边经贸摩擦发生时，农业往往被动成为平衡双边经贸关系的重要筹码，双边对农产品临时加征关税，不仅造成了农产品国际市场供需格局快速转变、价格波动风险，农业产业、农民收益、消费者福利等都在不同程度受损，而且也给多边贸易体制下农业领域全球经贸规则的权威性带来极大挑战。

（五）新一轮农业科技革命桅杆显现

随着互联网信息技术的不断发展，人类社会新一轮科技革命和产业变革正在加速演进。人工智能、互联网、大数据与传统的一些生物、化学、机械等相结合，可能成为新一轮科技革命的核心。在农业领域，以生物技术、信息技术、人工智能技术为特征的新一轮农业科技革命，正在孕育新的重大突破。

随着全球人口的增长和资源的有限性，农业行业正面临着巨大的挑战。为了满足不断增长的粮食需求，同时减少对土地、水和化肥等资源的依赖，现代农业正在成为一个备受关注的领域。现代农业是指利用现代科技手段和创新理念，以可持续发展为目标，推动农业生产方式转变和提升农产品质量的产业。现代农业需要不断引入先进的科学和技术，如物联网、大数据、人工智能等，以提高农业生产效率和质量。可以通过研发新的农业机械设备、智能化农业管理系统等，实现农业生产的自动化和智能化。

在科技迅猛发展的今天，现代农业作为一种融合先进技术与农业生产的创新模式，正在引领着农业领域的革命。通过应用物联网、人工智能、大数据分析等技术，智慧农业改变了传统农业的方式和效率，为农业生产带来了巨大的机遇和挑战。如智慧农业以技术为基础，将传感器、无线通信、云计算等先进技术与农业生产相结合。通过实时监测、数据分析和智能决策，农民可以更加精确地了解土壤湿度、气候变化、病虫害情况等信息，从而科学调控农作物的生长环境，提高农作物的产量和质量。

现代农业是农业发展的必然趋势，它以技术创新为驱动，为农业生产带来了巨大的改变和机遇。现代农业的发展将推动农业现代化进程，提高农业生产效率和质量，同时也面临着数据安全、技术普及等挑战。只有通过持续的技术创新、政策支持和农民培训，才能实现现代农业的可持续发展，为农业带来更加美好的未来。

面对新挑战，零散科研组织形式不足以解决复杂的问题，迫切需要新型科研组织形式支撑新一轮农业科技革命。世界各国纷纷出台以关键共性技术、前沿引领技术、现代工程技术、颠覆性技术创新为核心的科技发展新战略，这就意味着谁抓住了变革先机，谁就掌握了未来发展的主动权。

二、农业科技自立自强是实现中国式农业现代化的核心要义

我国是农业大国，农业人口数量巨大，具有广大的耕地面积和悠久的农耕文明。农业一直是我国国民经济的命脉，是安天下、稳民心的战略产业，农业的发展直接关系着社会的稳定与发展。保障粮食安全始终是关系国计民生的头等大事。

（一）党中央国务院高度重视农业科技创新

我国历来高度重视农业科技创新，深入实施创新驱动发展战略，锚定建设农业强国目标，着力推进农业科技自立自强。习近平总书记始终从全局和战略高度看待"三农"问题，把解决好"三农"问题放在巩固党的执政基础、实现"两个一百年"奋斗目标的大局中来谋划推动。强国必先强农，农强方能国强。党中央和国务院制定了一系列关于农业科技创新的战略规划，明确了农业科技创新的总体目标、重点领域和主要任务，为农业科技创新提供了纲领。习近平总书记坚持把解决好"三农"问题作为全党工作重中之重。2023 年 12 月，中央农村会议上，习近平总书记指出，"我国是个人口众多的大国，解决好吃饭问题始终是治国理政的头等大事。要坚持以我为主、立足国内、确保产能、适度进口、科技支撑的国家粮食安全战略。中国人的饭碗任何时候都要牢牢端在自己手上。我们的饭碗应该主要装中国粮，一个国家只有立足粮食基本自给，才能掌握粮食安全主动权，进而才能掌控经济社会发展这个大局。"习近平总书记致信祝贺中国农业科学院建院 60 周年，指出"农业现代化关键在科技进步和创新。要立足我国国情，遵循农业科技规律，加快创新步伐，努力抢占世界农业科技竞争制高点，牢牢掌握我国农业科技发展主动权，为我国由农业大国走向农业强国提供坚实科技支撑"。2013 年 11 月，习近平总书记在山东省农业科学院召开座谈会时强调，"农业出路在现代化，农业现代化关键在科技进步。我们必须比以往任何时候都更加重视和依靠农业科技进步，走内涵式发展道路。"习近平总书记多次对农业科技发展和农业自主自强安排部署，系统阐释了建设农业强国、加快推进农业农村现代化、全面推进乡村振兴的一系列重大理论和实践问题，明确了当前和今后一个时期"三农"工作的目标任务、战略重点和主攻方向。党的二十大擘画了以中国式现代化全面推进中华民族伟大复兴的宏伟蓝图。全面建设社会主义现代化国家，最艰巨最繁重的任务仍然在农村。世界百年未有之大变局加速演进，我国发展进入战略机遇

和风险挑战并存、不确定难预料因素增多的时期，守好"三农"基本盘至关重要、不容有失。部署推动农业关键核心技术攻关，深入实施种业振兴行动，加快先进农机研发推广，推进农业绿色发展，服务粮食安全战略和乡村振兴战略。要以国家战略需求为导向，集聚力量进行原创性引领性科技攻关，坚决打赢农业关键核心技术攻坚战。作为国家科技计划的重要组成部分，国家重点研发计划及项目要以强烈的责任感和使命感，主动投身我国农业科技事业大局。

（二）农业是支撑国民经济建设与发展的根基

农业是人类的衣食之源、生存之本，是支撑整个国民经济不断发展与进步的保障，事关粮食安全、食品安全、节能减排、劳动力就业，还为其他行业提供原材料和服务支持。同时，农业也是国际贸易的重要组成部分，许多国家都将农业作为发展经济的重要领域。在全球范围内，农业的发展水平也直接影响着各国的经济实力和国际地位。我国是农业大国，农业的发展关系到我国的国计民生，在我国农业是引领我国实现现代化和可持续发展的基础性和战略性产业，也是社会稳定的基石和社会发展的压舱石。我国绝大多数人口在农村，农业生产的发展直接关系到广大农民生活水平的提高，关系到我国乡村振兴战略。

党的二十大报告提出："加快建设农业强国，扎实推动乡村产业、人才、文化、生态、组织振兴。"农业强国建设是一个社会主义国家必须干好的大事。从中华民族伟大复兴战略全局看，建设农业强国既是全面建成社会主义现代化强国的应有之义，也是全面建成社会主义现代化强国的重要支撑。党的十八大以来，以习近平同志为核心的党中央坚持把解决好"三农"问题作为全党工作的重中之重，引领推进新时代农业农村现代化事业发展，推动农业农村取得历史性成就、发生历史性变革，为建设农业强国打下坚实基础。

（三）科技创新是农业强国建设的重要驱动力

党的十八大以来，国家实施创新驱动发展战略，科技创新被摆在国家发展全局的核心位置。农业科技创新作为国家科技创新重要组成部分，在"三农"发展中的战略地位日益凸显。科技创新不断渗透到"三农"发展全局，对现代农业发展的支撑引领作用显著提升，科技已成为农业农村经济社会发展的首要驱动力。党的二十大和中央农村工作会议都突出强调，科技创新是引领农业现代化的第一驱动力。科技创新对于提升食物供给能力，改善食物贸易和市场，提高应对气候变化的韧性，催化农食产业变革，提供营养、安全和健康的膳食，助力社会民生保障有重要推动作用，并促进农食系统向着营养健康、绿色低碳、高质高效、更加包容、更加有韧性转型。只有通过科技创新，不断提高农业生产效率和农产品国际竞争力，才能让农业产业强起来；只有通过科技创新不断突破资源环境刚性约束，走生态低碳之路，赓续农耕文明，才能让农村美起来；只有通过科技创新，瞄准"农村基本具备现代生活条件"的目标，实施乡村建设行动，才能让农民富起来。未来，必须把科技创新摆在核心战略地位，优先支持，优先发展，走中国特色创新驱动农业强国道路。

（四）我国农业科技创新面临的问题

世界农业强国的共性特征之一是农业科技创新能力强，科技对农业的贡献率达到80%左右。2022年我国农业科技进步贡献率为62.4%，农业科技创新距离世界领先水平还存在一定差距，突出短板主要体现三个方面。一是农业研发实力整体不断提升，但原始创新能力不足。《2022中国农业科技论文与专利全球竞争力分析报告》指出，我国农业科技论文与专利竞争力稳居全球第一方阵。农业科技论文总发文量、高被引论文量和Q1期刊论文量均排名第一。中国农业发明专利申请以62.83万件保持全球第一。但我国农业基础创新能力不足，部分关键核心技术受制于人。世界农业强国种业已进入"生物技术+人工智能+大数据信息技术"的育种"4.0时代"，我国仍处在以杂交选育和分子技术辅助选育为主的"2.0时代"至"3.0时代"之间，种业原始创新能力不足，缺少重大突破性的理论和方法，关键技术与战略性产品研发水平相对较低，国际竞争力优势相对较弱。二是农业科技创新体系初步建立，但涉农企业创新能力不足。初步形成政府主导、"科研院所+高校+企业"等多层次、多主体参与的农业科技创新体系。我国现有地市级以上农业科研机构974个，农林类院校98所，涉农类规模以上企业约7万家，但农业科技创新体系整体效能不高，短板在涉农企业创新能力不足。《2022中国涉农企业创新报告》显示，我国389家上市涉农企业创新能力整体偏低，涉农企业创新投入强度2.60%，为全行业的一半，且尚未成为创新决策和创新组织主体，75%不具备重点科研平台，包括国家级、农业农村部级的创新平台及博士后工作站。三是农业科技创新发展很快，但部分与市场需求不相适应。农业科技创新需要农业科研机构、农民和农业企业之间的密切合作，以实现科研成果的应用和推广。目前农业科研机构与农民和农业企业之间的合作缺乏有效的机制和平台。我国农业科研成果的转化率相对较低，很多科研成果无法得到有效应用和推广。这主要是由于科研机构与农民和农业企业之间的信息沟通不畅、转化机制不完善等原因。在农业科技创新过程中，由于缺乏市场导向和需求导向，研发方向常常偏重基础研究，缺乏与农业生产实际需求相结合的应用性研究。

（五）农业科技创新特点更需要事业引领

农业科技创新相对其他领域的科技创新具有自身独有的特点，农业科技创新难度大、周期长。从农业科研规律看，与其他领域相比较，农业研发活动具有周期长、有生命、区域性强、延续性强等典型特点，直接面向农业生产一线，尤其是种子、耕地等重大战略问题，组织难度更大、要求更高，更需集中力量久久为功。从项目组织方式看，国家布局一个任务方向，仅有一个科研团队做，承担任务是整个专项在某个领域、某个方向的重要组成部分。项目实施质量的高低直接关系到国家农业科技创新重大战略目标能否顺利实现，关系到重点研发任务能否如期高质量完成。从科研人员自身看，"十四五"以来，科技部积极探索"揭榜挂帅"、部省联动、青年科学家等新型项目形成方式，承担主体既有深耕多年、广受认可的资深科学家，也有大胆探知未来、胸怀大志的青年科学家。项目组织实施的成败，关系青年科学家的未来科研方向，更关乎资深科学家的毕生事业。基于农业科研规律特点，研究优化组织机制、抓好有组织科研的路径是农业科技事业发展的关键所在。

当前，全球农业科技革命进入重要战略窗口期，人类社会正面临广度和深度都前所未有的新一轮科技革命和产业变革。农业是国家发展的基石，当今世界强国无一不是农业强国，面对一系列重大全球问题和风险挑战，世界各国抢先加强新一轮农业科技布局。基于农业战略地位与属性特点，面对新科技发展的趋势，农业科研项目需要事业引领型组织形式。因此，农业地位与属性特点决定了农业科研项目需要事业引领型组织形式。

三、有组织科研是推进农业科技自立自强的关键路径

推动科研机构充分发挥新型举国体制优势，加强有组织科研，全面加强创新体系建设，着力提升自主创新能力，为更高质量、更大贡献服务国家战略需求作出部署。

（一）有组织科研的战略要求

科研机构是国家战略科技力量的重要组成部分。有组织科研是科技创新实现建制化、成体系服务国家和区域战略需求的重要形式。党的十八大以来，在

以习近平同志为核心的党中央坚强领导下，科研机构作为基础研究主力军和重大科技突破策源地，创新能力快速提升、重大成果持续涌现、体制机制改革纵深推进，为创新型国家建设作出了重要贡献。但科技创新仍存在有组织体系化布局不足，对国家重大战略需求支撑不够等突出问题。立足新发展阶段、贯彻新发展理念、构建新发展格局，要把服务国家战略需求作为最高追求，坚持战略引领、组织创新、深度融合、系统推进的指导原则，要在继续充分发挥好自由探索基础研究主力军和主阵地作用，持续开展高水平自由探索研究的基础上，加快变革科研范式和组织模式，强化有组织科研，更好服务国家安全和经济社会发展面临的现实问题和紧迫需求，为实现高水平科技自立自强、加快建设世界重要人才中心和创新高地提供有力支撑。

（二）有组织科研的组织形式

随着科学技术的不断发展，科研成果的数量和质量不断提高，研究领域也越来越广泛。为了更好地开展科研工作，科研组织模式越来越重要，有组织科研就是在强化对科研工作规律性认识的基础上，通过有计划、有目的、有协作、有管理的组织形式，以提升质量和效率为目标所开展的科学研究。其特点如下：有利于瞄准国家重大需求，有计划更精准地凝练研究方向、确定研究选题，防止科研工作出现盲目或无序现象；有利于整合系统内外各方面资源，建立跨学科、跨部门、跨单位、跨层级的团队，促进不同领域之间的合作和交流，推动跨学科研究；有利于集中力量、集中时间组织课题攻关，更好围绕国家所需，有针对性地开展研究，提高质量和效率；有利于培养高质量的人才队伍，通过申报、承担国家和省级等重点重大研究项目，建立团队、形成梯队，将各方面的人才凝聚在一起，构建合理的分工合作格局，从而改变科研工作者单打独斗做科研的局面，更好促进人才成长。

在农业科技领域做有组织科技显得更加重要。近年来，党中央、国务院不断深化科技领域"放管服"改革，国家相继出台项目形成机制、改革科研经费管理、加强学风作风建设、优化科研管理提升科研绩效等政策文件，如《深化科技体制改革实施方案》《关于扩大高校和科研院所科研相关自主权的若干意见》等。中国农村技术开发中心（简称农村中心，全书同）结合农业科研特点提出项目团队回答好"绩效四问"，即"做了什么工作，怎么做的，谁做的？""发现和解决了什么问题？""为后续相关研究奠定了什么基础？""为行业和产业科技进步以及区域经济社会发展作了什么贡献？"以质量、绩效、贡献为导向，把论文写在大地上。近两年支持科技成果转化成为焦点内容,如国办发〔2021〕32号文,将加大科技成果转化激励力度作为激励科研人员的重要举措之一。新修订的《中华人民共和国科学技术进步法》指出,国家鼓励和支持农业科学技术的应用研究,加快农业科技成果转化和产业化。自2022年起,启动实施科技成果"进园入县"行动,发挥企业科技创新主体地位,促进科研成果及时转化应用到农业生产一线,推动创新链、产业链、资金链、人才链深度融合。

(三) 建立健全新型举国体制

"集中力量办大事"是我国社会主义制度的显著优势,奠定了我国科技进步与经济发展的坚实基础。举国体制是特殊的资源配置与组织方式,由政府统筹调配全国资源力量,达成相应目标任务。中华人民共和国成立初期的举国体制与当时基础薄弱、人才短缺的条件相适应,更多依赖政府行政动员和集中计划调配能力。如"两弹一星"工程,工程规模宏大、系统复杂,为此全国组织实施了大规模协同会战,各系统各单位形成了万众一心、众志成城的强大合力,充分彰显出我国社会主义举国体制的政治优势。"两弹一星"的丰功伟绩生动体现了中国人民自立自强、在举国体制下集中力量从事科技研发并创造奇迹的态度与过程,其组合元素为"爱国主义""集体主义""社会主义"与"科学精神""科技创新"等。"两弹一星"的成功研制,充分彰显了社会主义制度集中力量办大事的优势。

关键核心技术攻关要建立新型举国体制。新型举国体制是在原有举国体制基础上的继承与创新,既着眼于充分发挥社会主义制度优势,又注重发挥市场在资源配置中的决定性作用。发展到今天,新型举国体制的核心任务是关键核心技术攻关。新任务是我国产业薄弱环节面临的问题,产品直接面向市场,不能单靠政府力量来解决。因此,新型举国体制既要发挥社会主义制度集中力量办大事的显著优势,强化党和国家对重大科技创新的领导,又要充分发挥市场机制作用,围绕国家战略需求优化配置创新资源。健全关键核心技术攻关新型举国体制,强化国家战略科技力量,大幅提升科技攻关体系化能力,做有组织的科研,把政府、市场、社会有机结合起来,科学统筹、集中力量、优化机制、协同攻关。在资源配置和协同攻关中,要发挥有效市场活力,强化企业技术创新主体地位,高效配置科技力量和创新资源,强化跨领域、跨学科协同攻关。在各方协同合作的新型举国体制中,探索出科技创新体系和高端产业深度融合的发展新路,营造良好的创新生态,夯实国家创新体系的坚实基础。

新型举国体制的有组织科研还意味着组织形式的变革。有组织科研是针对关键核心技术攻关，也就是"卡脖子"技术的问题，有组织科研不是撒胡椒面、雨露均沾，更不是文字层面的对科研过程予以组织，而是特定的、有目标、有侧重、精准化的科研发展规划，需要任务驱动、团队协作。

四、事业引领是弘扬科学家精神的内在要求

科学成就离不开精神支撑。从某种意义上来说，一部百年科学史，就是一部科学家精神的发展史。在中华民族伟大复兴的征程上，一代又一代科技工作者心系祖国和人民，不畏艰难，无私奉献，为科学技术进步、人民生活改善、中华民族发展作出了重大贡献，在长期的科学实践中铸就了独特的科学家精神。科学家精神是"做科技事业"的具体体现和鲜活案例。

（一）以科学家精神践行为目标赋予科技人员时代重任

科学家精神是科技工作者在长期科学实践中积累的宝贵精神财富，2019年6月，中共中央办公厅、国务院办公厅印发《关于进一步弘扬科学家精神加强作风和学风建设的意见》，对科学家精神作出全面概括。2021年9月科学家精神被纳入第一批中国共产党人精神谱系的伟大精神。科学家精神的基本内涵概括起来有六个方面：一是胸怀祖国、服务人民的爱国精神。具有强烈的爱国情怀，是对我国科技人员第一位的要求。科学没有国界，科学家有祖国。爱国主义是科学家精神的鲜明底色。二是勇攀高峰、敢为人先的创新精神。科学无极限，创新无止境。创新是科学家精神的主旋律与最强音。三是追求真理、严谨治学的求实精神。习近平总书记强调："科学以探究真理、发现新知为使命。"追求真理、严谨治学是科学家精神的基础与底蕴。四是淡泊名利、潜心研究的奉献精神。五是集智攻关、团结协作的协同精神。协同是科学家精神的重要内容，也是我们能够接连创造科技奇迹的关键密码。广大科技工作者"既要有工匠精神，又要有团结精神"。六是甘为人梯、奖掖后学的育人精神。科技创新，贵在接力。我国科技事业取得的历史性成就，是一代又一代矢志报国的广大科技工作者前赴后继、接续奋斗的结果。科学家不仅需要通过自己的聪明才智与勤奋钻研来获得科研成就，而且要承担培养科研后备队与接班人的重要使命。

科技兴则民族兴，科技强则国家强。党的二十大报告强调，"要大力弘扬科学家精神，涵养优良学风，营造创新氛围。"这就要求我们要深刻领悟科学家精神的丰富内涵，大力弘扬新时代科学家精神，自觉肩负起历史赋予的科技

创新重任。"培育创新文化，弘扬科学家精神，涵养优良学风，营造创新氛围。"在当前国内外环境发生深刻复杂变化的背景下，为实现高质量发展，满足人民群众对美好生活的向往，满足全面建设社会主义现代化国家的需要，加快科技创新发展已成为回应时代课题的破题之钥。这既赋予了广大科技工作者以时代使命，也对科研项目组织形式提出了更高要求。新时代下，科技工作者将科学研究当成终生的事业追求，是当下弘扬科学家精神的内在要求。

（二）以农业科研项目实施为载体打造事业共同体

科技创新发展离不开精神支撑，涵育优良学风、培育担当民族复兴大任的时代新人离不开精神引领，关键是要大力弘扬科学家精神。中华人民共和国成立以来，广大科技工作者在实践中锤炼出了独特的群体风貌和精神气质。这种精神以"爱国、创新、求实、奉献、协同、育人"为主要内涵，是科学家群体在长期科学实践中形成的精神风貌、价值理念和行为范式。科学家精神是胸怀祖国、服务人民的爱国精神，勇攀高峰、敢为人先的创新精神，追求真理、严谨治学的求实精神，淡泊名利、潜心研究的奉献精神，集智攻关、团结协作的协同精神，甘为人梯、奖掖后学的育人精神。新时代下，科技工作者在选择研究方向时以国家需求为导向，将做"科技项目"当"科技事业"去做，将个人追求和个人做事业的理想融入关系国家民族命运的科技事业中，广大科技工作者要践行科学家精神，主动肩负起历史重任，把自己的科学追求融入全面建设社会主义现代化国家的伟大事业中去，为推动科技进步奉献毕生心血。

五、构建事业引领型农业科研组织实施机制意义重大

国家科技项目承载着国家科技创新的使命，是科技创新活动的核心载体，优化重大科技项目的组织管理是新时代深化科技体制改革的重要任务。习近平总书记指出："要改革重大科技项目立项和组织管理方式""要坚持需求导向，从国家急迫需要和长远需求出发，真正解决实际问题"。优化国家重大科技项目的组织管理，是强化国家战略科技力量、实施科技强国战略的重要内容，是新时代深化科技体制改革的重要任务。

农村中心作为国家首批建设的项目管理专业机构，在"十三五"承担"七大农作物育种"等7个重点专项管理服务基础上，"十四五"聚焦习近平总书记关心的种子、耕地、农机装备等重点领域，承接"农业生物重要性状形成与环境适应性基础研究"等8个重点专项管理与组织实施工作。"十三

五"以来，农村中心着力构建绩效导向型和事业引领型专项实施体系。通过项目组织实施发现，部分项目科研人员还存在目标定位不清、责任意识不强、绩效导向不足等问题，造成一定程度"做科研项目"。农村中心结合农业科技创新特点，率先提出重点专项"绩效四问"。其核心目的就是落实国家关于提升科研绩效有关部署，提高科研质量，促进成果产出，推动科研人员由"做科研项目"向"做科技事业"转变。"绩效四问"得到农业科技界广泛认可和积极响应，已经贯穿项目实施全过程，成为承担单位开展项目管理的自觉行动。以"四讲四注重"为核心的深化版"绩效四问"，推动科研人员由"做科研项目"向"做科技事业"转变，以期通过引导各项目进一步明确使命任务，确保农业农村领域重点专项项目高质量实施，坚决打赢关键核心技术攻坚战。在这个背景下，构建事业引领型农业科研项目组织机制恰逢其时。

参考文献

白光祖，曹晓阳，2021. 关于强化国家战略科技力量体系化布局的思考［J］. 中国科学院院刊，36（5）：523-532.

陈套，黄晨光，2023. 有的放矢：加快实现高水平科技自立自强——从党的二十大看中国未来科技创新［J］. 观察与思考（3）：66-75.

樊春良，李哲，2022. 国家科研机构在国家战略科技力量中的定位和作用［J］. 中国科学院院刊，37（5）：642-651.

范贝贝，李瑾，冯献，2023. 农业强国目标下作物育种科技与装备创新：态势，挑战与路径［J］. 科技导报，41（16）：23-31.

贾宝余，董俊林，万劲波，等，2022. 国家战略科技力量的功能定位与协同机制［J］. 科技导报，40（16）：55-63.

邝宏达，李林英，2022. 重大科研项目团队博士生学术志趣的发展阶段和特征研究［J］. 研究生教育研究（4）：1648.

潘建伟，林鸣，万建民，2021. 坚持"四个面向"，实现科技自立自强［J］. 科技导报，39（16）：9-13.

盛亚，冯媛媛，施宇，2022. 政府科研机构科技资源配置效率影响因素组态分析［J］. 科技进步与对策，39（8）：1-9.

王红彦，田儒雅，孙巍，等，2023. 2022中国农业科技论文与专利全球竞争力分析［J］. 农学学报，13（3）：10-12.

魏珣，孙康泰，刘宏波，等，2021. "十三五"国家重点研发计划"七大农作物育种"重点专项管理经验与科技创新进展［J］. 中国农业科技导报，23（11）：1-6.

吴定会，翟艳杰，纪志成，2015. 论大数据背景下我国高校科研项目过程
　　管理动态跟踪模式的构建［J］. 中国社会科学院研究生院学报（4）：
　　125-131.

赵珂，吴昊，2016. 高校教师多元化培训培养体系探究［J］. 中国成人教
　　育（21）：133-137.

本章主要研究人员

统稿人　葛毅强　中国农村技术开发中心，研究员
　　　　王文月　中国农村技术开发中心，副研究员
　　　　李转见　河南农业大学，教授
参与人　郑筱光　中国农村技术开发中心，助理研究员
　　　　戴翊超　中国农村技术开发中心，助理研究员
　　　　满建国　华中农业大学，副教授
　　　　张沙秋　四川农业大学，副教授
　　　　石吉勇　江苏大学，教授
　　　　张　涛　扬州大学，副教授
　　　　蒋　立　湖南农业大学，讲师
　　　　杨　甜　中国农村技术开发中心，助理研究员
　　　　刘雨彤　中国农村技术开发中心，助理研究员

第二章　事业引领型科研组织模式的理论分析

　　科学研究是科学发现、技术进步和创新的前提基础和重要方式。随着科技的快速发展及其与经济、社会、地缘政治、国际竞争等的进一步渗透，知识生产方式和科学研究范式正发生着深刻变革，科研组织模式也在不断演变。从最初自发的、零散的智力性活动，发展到组织化、规模化的知识生产系统，最终演变为一种社会事业，由国家参与甚至主导规划、投资、引导和组织。科研项目是国家资助科学研究的主要形式之一，对于推动科学进步和社会发展具有不可或缺的作用，但也存在短视性、程序化等局限性。随着新的、全球性、长期存在的社会总量不断凸显，如流行病、网络安全、气候变化、能源短缺等问题的出现，更大规模、更多学科交叉的、更长时间的研究需求，对科研范式和科研项目组织模式发出了挑战。为应对这种挑战，我们提出了事业引领型科研组织模式，以做科技事业的理念开展科学研究，推动科技进步和高水平自立自强。

一、科研组织模式与科研项目

　　近代科学的发展大致经历了两个阶段：在 19 世纪是"小科学时代"，之后则进入了"大科学时代"，不同时代的科研组织模式存在明显的差异。在小科学时代，科学研究局限在少数人范围内，还没有发展成为普遍性的社会事业；研究经费、仪器设备、实验场地主要依靠科学家自己解决；科学家之间缺少正规的协作与交流，科学研究处于松散的、自发的、非系统组织状态。在19 世纪之后的大科学时代，在工业革命的带动下，科学研究日益成为一种社会事业。时至今日，科研人员的数量、科研活动的规模及范围、科研机构与大学都在规模化、组织化发展，国家在科研经费投入、科技规划制定、科研项目部署等方面的作用明显增强。

（一）科研组织模式

科研组织模式是指为开展特定科学研究活动，而对科研人员团队和相关资源采用的组织形式。科研规模化、组织化、建制化，是科技与经济发展到一定阶段的历史产物，是科技、社会不断发展的必然要求。科技发展要建设有符合时代发展要求的组织模式。自 20 世纪 40 年代，特别是"二战"以后，科学研究进入国家规模研究和国际合作研究的时代。科学家、工程师等以科学技术活动为基础，形成了相对独立的一类组织，如科研院所、研究型大学等，后统称为科学共同体。20 世纪 60 年代至今，科研规模更加扩大，组织结构更加柔性化。

科研组织模式是一个管理学概念，包括资助方式、资源配置方式、组织形式等要素。资助方式包括项目资助、针对人的资助、针对机构或平台的资助、针对科研设施的资助等；资源配置方式包括稳定支持、竞争式、指向性竞争等；组织形式包括 PI 制（Principal Investigator）、依托实体机构、依托建制化团队、依托科研设施、依托任务组建研究团队等多种形式。科研组织模式要符合科研活动的特征和要求。一般而言，对于一些原创性、非共识类研究，适宜更加自由、灵活的组织形式；对于一些重大科技创新任务，适宜委托有能力、有资源的国家实验室、国立科研机构等建制化团队。

（二）科研项目

随着科学研究的职业化、建制化和体制化发展，以及其逐渐显现的公共物品属性，政府资助科学研究成为国家与科技发展相互需要的必然结果。随着国家加大对科研的资金和政策支持，科研活动就成为一种社会建制，从而纳入管理制度。科研项目作为科研活动的主要载体之一，成为政府资助科学研究的重要形式之一。

科研项目是指为实现特定目标而开展的一系列科学研究计划、活动和任务的集合。科研项目是科学研究和科技创新活动的主要载体之一，是一种有组织、有目标，必须在规定时间、预算、资源内，依据科学规范实施的活动。从广泛意义上来说，科研项目包括来自国家和地方各级政府设立的各种项目，如基金项目、重大专项；也包括来自企事业单位委托的项目，如产学研合作项目、自主部署项目等。一般理解的科研项目，是指政府通过公共财政支持的科研项目，重点包括国家及地方政府的"五大类科技计划"及其下设立的各类项目，如国家自然科学基金面上项目、国家重点研发计划的项目、国家社会科学基金重大项目等。

（三）科研项目作为科研组织模式的优缺点

1. 优势

科研项目对于科研活动的顺利开展、科研成果的取得和科学知识的生产起到了积极的作用，从而推动了科学技术进步，有利于解决现实问题，提高生产效率和生产力，促进经济社会发展。通过"做科研项目"推动科学进步和技术发展，有其不可比拟的优势。

一是明确的科研目标和科研计划。通过科研项目的形式来组织和管理科研活动可以确保研究的有序进行。项目设定了预期目标、时间安排、进展计划、预算、资源、研究内容、技术路线等要素，为研究活动提供了清晰的指引和管理框架，有助于科研人员进行系统性、有目的性的科学探索。

二是有利于实现有针对性的目标。围绕国家战略需求、社会亟须或科技前沿布局和设定科研项目，通过科研项目吸引科研人员开展有针对性的研究，实现有针对性的目标。例如，引导国家战略科技力量聚焦主责主业，引导产业界突破关键核心技术攻关，引导基础研究类机构探索科技前沿等。

三是培养科研人员的专注精神。科研项目往往针对特定的科学问题、技术挑战或社会需求，通过设定明确的研究目标和任务，有利于激发科研人员针对具体问题开展研究的创造力，引导科研人员培养集中精力解决特定问题的能力，提高科研人员在有限时间内解决问题的效率。

四是有利于整合资源和促进合作。科学研究往往需要各种资源的配合和支持，如经费、设备、人员、机构、平台、设施等，而科研项目可以整合这些资源，提高资源的有效利用。通过科研项目，也可以促进高校、研究院所、企业等不同主体之间的合作，提升科技创新体系的整体效能。

2. 面临的挑战

随着科研活动的复杂性和交叉性日益加剧，以及科研范式的转变，项目形式的科研组织和管理模式受到了挑战，主要表现如下。

一是科研项目布局难以做到面面俱到。科研项目一般是通过"自上而下"和"自下而上"相结合的方式产生，但往往由于思维惯性、路径依赖、专家权威等客观因素，导致科研项目布局的覆盖面和精确性受损，某些研究方向可能得不到支持。

二是科研项目的时限性造成了短视性。虽然预期目标和时间的设定有利于提高科学研究和管理效率，但同时也造成了科研人员和科研行为的短视性。尤其对于一些长周期、基础性、原创性研究，往往具有较强的不确定性，短至1~3年的资助期加剧了科研人员的焦虑，争相发表短期的"小成果"。

三是科研项目的灵活性与开放性不够。科研项目往往严格要求按照既定的目标和计划实施，现行管理考核体系并不鼓励研究计划的调整，项目的"计划"色彩较浓，这就导致科研项目的灵活性、开放性不够，不利于科研人员在项目实施过程中发挥创造力。

四是项目形式的科研不利于转化应用。根据当前的项目管理要求，项目完成了既定指标，研究工作即告一段落，并不需要考虑成果能否应用于生产实践中、能否带来良好的经济社会效益、项目经费投资者是否满意。这是当前我国科技成果转化低效的重要原因。

二、科技事业与"做科技事业"

随着科学研究在经济增长、抢占科技制高点、提升国际竞争力、国家军事实力、满足政治需求中作用越来越凸显，科研组织模式也在向"大规模的集体性协作"转变，国家在为科研活动提供物力、财力、人力等资源，给予政策指导和组织规划中发挥着日益重要的作用。以"做科研项目"来推动科学进步和技术创新已经远远不能满足当前的需求，未来应树立"做科技事业"的理念，以科技事业引领科学研究、推动我国科技发展和高水平自立自强。

（一）科技事业

科技事业，即科学技术事业，是科学学研究领域的术语。科技事业是指利用科学知识和技术创新来促进社会和经济发展的一系列活动，旨在解决复杂的社会问题，提高生活质量，并推动经济增长，通常需要政府、学术界和工业界的合作以及持续的创新和投资。

一般来说，科技事业是由三个方面组成的统一体：一是科学技术的研究活动，这种活动是由科学技术的研究工作者进行的，它创造科学技术的知识成果和技术成果，这个方面构成科学技术事业发展的基础；二是科学技术研究成果的传播、向直接生产力的转化和推广普及，这种活动是由科学技术的管理工作者进行的，它的任务是对科学技术事业进行宏观、中观和微观的管理，这个方面是科学技术事业加速发展的重要条件；三是科学技术同经济、社会的协调发展，因为科技事业是社会事业，与大批其他社会部门的人员活动密切相关，这个方面构成科学技术事业发展的动力。

（二）"做科研项目"与"做科技事业"的区别

科学研究正在逐渐成为国家和产业支持的社会事业。科研项目是科学技术活动事业化发展的产物。不论是国家需要，还是自身发展；不论是政策导向，还是项目目标；不论是科技大业，还是农业一线，都迫切需要广大农业科研工作者要由单纯"做科研项目"努力向"做科技事业"转变。从科技事业的概念与内涵来看，科技事业的概念涵盖了科技创新的目标、行为、主体、结果、动力等多方面因素，同时结合二者的特征，与科研项目相比，主要区别如下（表2-1）。

一是行为目标上，"做科研项目"是有局限性的，存在"交账心态"，侧重看数量指标能否完成，确定的目标也是基本看得见、能完成的，用"五年"前的苗头成果交"五年"后的账；而"做科技事业"具有高远性，能站在国家布局此方向科研任务的目的意义出发，把自身研发目标融入国家五年、十年甚至更长时期的发展需要中，确定更有挑战性、长远性的目标。

二是科研活动上，"做科研项目"是程序性的，简单把项目管理等同于完成项目启动、中期检查、过程管理、绩效评价等具体环节，照搬以往或其他项目的管理方式；而"做科技事业"更具创新性，聚焦项目特点和实际需要，创造性地将项目涉及的人才、平台、政策等集聚起来，在管理方式和组织模式上大胆创新，让科研活动真正活起来。

三是产出成果上，"做科研项目"是短期性的，容易将项目看成一项阶段性任务，陷入单点技术研发中，产出了成果也不关注成果之间的关系、成果与课题目标及项目目标之间的关系；"做科技事业"具有长期性，往往肯下"数十年磨一剑"的苦功夫，有与国际同行同台竞争的勇气，致力于产出具有影响力的重大标志性成果，努力造就相关领域的长期"代表作"，为后续相关研究奠定坚实基础。

四是转化动力上，"做科研项目"是消极性的，存在重研究轻转化的心理，往往不愿花费精力考虑成果转化，对产生的成果面向市场和用户的信心不足、准备不足；"做科技事业"具有更强的积极性，把成果转化应用于生产一线作为价值追求，让科研成果真正惠及行业和产业以及经济社会发展。

五是组织管理上，"做科研项目"是封闭性的，一体化组织实施相对薄弱，课题间缺乏有效协调与互动，往往"各自为战"，不重视人才培养和平台建设；"做科技事业"具有开放性，不断创新组织实施机制模式，主动与高校、院所、企业之间开展攻关合作，注重国内外、跨领域的开放协作创新，花大力气培养优秀人才和团队，加大基地平台和条件建设。

表2-1 "做科研项目"与"做科技事业"的内涵与特征比较

比较项	做科研项目	做科技事业
概念层面	微观、中观	宏观
主体	主要为科研人员	科研人员、科技服务人员、科技管理人员
行为	科学研究	科学研究；科学传播、普及；科技管理与服务
结果	科技成果	科技成果；转化效果；科普成效；管理效果
特征	短视性、封闭性	高远性、开放性

（三）从"做科研项目"向"做科技事业"转变的思维框架

针对当前"做科研项目"在任务目标、科研活动、产生成果、转化动力、组织管理等方面存在的局限性、程序性、短期性、消极性、封闭性等弊端和不足，以"绩效四问"为科研活动管理的理论依据和重要工具，引导科研活动向着"做科技事业"转变（图2-1）。

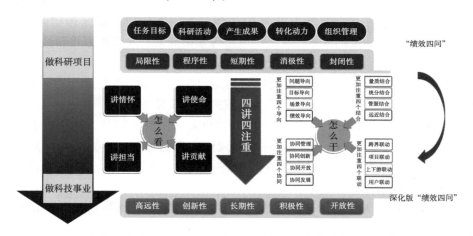

图2-1 从"做科研项目"向"做科技事业"转变的思维框架

为回答"做了什么工作，怎么做的，谁做的；发现和解决了什么问题；为后续相关研究奠定了什么基础；为行业和产业科技进步以及区域经济社会发展做了什么贡献"这"四问"，科研人员在开展科技活动时，必须要坚持"四讲四更加"的原则，考虑"怎么看"和"怎么干"。

针对怎么看"做科技事业"，引导科研人员要"讲情怀、讲使命、讲担当、讲贡献"。情怀是一种内心的情感和感受，是对科技事业、对国家社会民的深厚感情，讲情怀就是要以科技事业为中心，始终把科研工作放在最高位置，努力工作，推动经济社会发展和科技进步。使命是一种责任和担当，是对自己、对组织、对国家所承担的责任和义务，讲使命就是要以国家利益为重，以科技事业为重，为以创新驱动发展为己任，努力奋斗。担当是一种勇气和魄力，讲担当就是要敢于直面科研工作的困难和挑战，敢于承担科技创新开展过程中存在的责任和风险，始终秉持科学家精神，为开拓科技事业而勇往直前。贡献是对国家、对社会的付出和奉献，讲贡献就是要以实际行动开拓创新和锐意进取，以实际行动践行科技事业。

针对怎么干"做科技事业"，引导科研人员在开展科研活动时要"更加注重问题导向、目标导向、场景导向、绩效导向；更加注重量质结合、统分结合、管服结合、远近结合；更加注重协同管理、协同创新、协同开放、协同发展；更加注重跨界联动、项目联动、上下游联动、用户联动；努力实施一批项目、攻克一批技术、转化一批成果、培育一批人才、致富一方百姓。""做科技事业"的目标是为了追求科技卓越、促进经济社会发展、满足国家重大需求、提升人民生命健康水平。围绕这些目标，应该转变人才、资金、平台、项目、政策等创新资源配置方式，转变科研组织与管理模式，转变科技成果价值实现机制。

"做科技事业"涉及的主体除了科研人员外，还有政府、高校、科研机构、项目管理机构、协会、企业等，每个主体在推进科技事业中均需发挥各自的作用。例如，政府重点发挥在科技规划、创新资源配置、科技政策制定等方面的引导作用；高校重点发挥在科技人才培养、基础研究、科技文化传播等方面的主体作用；科研机构重点发挥在关键技术攻关、应用研究、科学家精神培育等方面的主导作用；项目管理机构重点发挥在科研管理、项目组织、绩效评价等方面的主导作用；协会重点发挥科研环境与学风建设、学术生态建设、科学普及等方面的主体作用；企业重点发挥在技术创新、成果价值实现、工程师培养等方面的主导作用。

三、事业引领型科研组织模式

以"做科技事业"为理念指导开展科研活动，应在遵循科研发展规律的基础上，根据"做科技事业"所需要素和特点，合理调动和配置人才、经费、研究设备等要素资源，构建事业引领型科研组织模式。

根据上文和图 2-1 所示，"做科技事业" 的核心要素包括目标、活动、成果、动力、管理，科研组织模式的核心要素包括资助方式、资源配置方式和组织形式，在满足 "做科技事业" 的 5 项要求下，构建事业引领型科研组织模式的理论模型（图 2-2）。

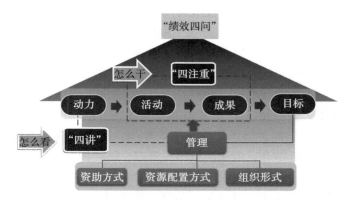

图 2-2　事业引领型科研组织模式的理论模型

根据图 2-2，在 "做科技事业" 的思维框架下，事业引领型科研组织模式以 "绩效四问" 为科技事业的衡量标准，以 "讲情怀、讲使命、讲担当、讲贡献" 为开展科研活动的动力，基于 "四注重" 的原则有开展科研活动，产出有导向性的成果和目标。为达成 "做科技事业" 的目标，在资助方式、资源配置方式和组织形式上应区别于一般的 "做科研项目"。

（一）事业引领型科研组织模式的内涵

事业引领型科研组织模式，是以完成一项事业为终极目标构建的科研组织模式，需要政府、高校、科研院所、科研人员、项目管理专业机构、学会、协会等利益相关方的共同努力，以下主要从资助方式、资源配置方式、组织形式 3 个方面阐释其内涵（图 2-3）。

在资助方式上，高校院所、企业、科研人员等创新主体要打破 "做科研项目" 的惯性思维，以长远的眼光审视科研任务；政府在制定规划时，应注重更加多元化、系统化的资助方式，例如长周期的支持、连续滚动支持、以人为主的支持等；项目管理专业机构应发挥主观能动性，注重科研项目的全生命周期管理，对项目进行跟踪管理分析。

在资源配置方式上，高校院所、企业、科研人员等创新主体应主动规避 "争夺项目" "为做项目而做项目" 的陷阱，认准能够长久坚持的研究方向，开展可持续的研究；政府在资源配置时，应根据行业特点，考虑更多的稳定支持或有指向性的竞争性资助，例如，对于开展国家重大战略需求的任务时实施更多的稳定支持；项目管理专业机构应关注不同领域科研活动的资助特点，提出有针对性的操作建议。

在组织形式上，高校院所、企业、科研人员等围绕共同的事业组建团队，同时考虑人才团队结构的合理化；政府在支持团队建设时，应考虑利用重大科研任务引导和培育团队的形成；项目管理专业机构应主动挖掘事业引领型科研组织形式的典型案例，及时总结经验，为相关科研活动提供参考。

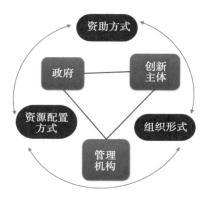

图 2-3　科研组织模式的要素关系

（二）事业引领型科研组织模式的外延

外延是指一个概念所概括的思维对象的数量或者范围。根据事业引领型科研组织模式的内涵，结合科研组织模式的种类，应用"二维四象限"法，根据对人和对事业的依赖程度，将事业引领型科研组织模式划分为 4 类（图 2-4）。

一是以人为中心的组织模式。此类模式对人的要求比较高，例如战略科学家。根据习近平总书记在 2021 年中央人才工作会议上的定义，战略科学家是指具有深厚科学素养、长期奋战在科研第一线，视野开阔，前瞻性判断力、跨学科理解能力、大兵团作战组织领导能力强，如袁隆平、李振声等。以某一位或某几位战略科学家为中心，组织具有共同事业目标的研究人员来开展研究，即为以人为中心的组织模式。

二是依托科研设施的组织模式。科研设施已经成为重大原创成果、关键核心技术突破、抢占未来科技制高点的撒手锏。科研设施因其规模大、体制机制

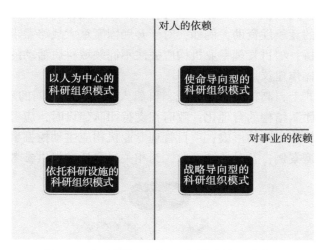

图 2-4　事业引领型科研组织模式的 4 种类型

创新经验足，通常是开展大规模、前瞻性、长期性科学研究的重要依托，因此，这类组织模式也适宜开展"做科技事业"的研究。

三是战略任务导向型的组织模式。围绕国家战略需求，或由国家相关部门下发任务，组建有研究基础、且能够长期、心无旁骛地开展研究的团队。与任务导向型科研项目、"揭榜挂帅"、科技悬赏等先有项目、再找团队的方式不同，任务导向型组织模式是组建具有共同事业目标的团队后，再制定设计研究方案。

四是使命导向型的组织模式。使命导向与战略导向不同的是，使命导向更多是由科研人员自发、共同组成的，是"自下而上"的。"使命"可能超越学科、部门、主体局限，为了某项科研使命（如突破"卡脖子"技术瓶颈、做世界一流水平的研究等），组建团队，共同开展研究。

（三）事业引领型科研组织模式的特征

长远性。以"做科技事业"为引领的科研组织模式具有视野长远性，不受短期目标利益的限制，从长远考虑，以完成某一科研事业为目标。

灵活性。事业引领型科研组织模式不受传统的机构束缚，可以是在打破原有体制机制束缚的情况下构建的，也可以是原有团队组建，只要是为了完成共同的科研事业，可以采用多种组建方式。

开放性。事业引领型科研组织模式不是封闭的、固化的，而是保持一定的开放性，鼓励有共同事业愿景、且符合条件的科研人员加入，也鼓励与其他科研组织的交流与合作。

动态性。事业引领型科研组织模式保持动态调整，通过设置一定的考核标准和流动率，对于长期达不到"绩效四问"标准的科研人员，通过被动淘汰和主动流动，保持队伍目标的一致性。

可考核。为更好推进事业引领型科研组织模式，应将"绩效四问"发展成为一套考核工具，从研发主体及组织方式、研究成果、研究的可持续性、贡献四个维度进行评价。

四、"做科技事业"的外延

（一）"做科技事业"理念下的科技决策

科技决策是开展科技事业的首要步骤，涉及在组织或个人层面上对科技发展、采用和管理的决策过程。事业引领下的科技决策应采用系统性和综合性的方法，以确保科技决策的成功实施。同时，科技决策是一个动态的过程，需要不断地适应变化的技术和业务环境。科技决策主要包括制定科技战略、科技发展规划、科技政策等，通过技术趋势、市场动态、市场配套、竞争对手情况、技术演进的不确定性、不同技术选项的可行性、成本和效益等进行评估与分析，确保科技决策与科技事业的终极目标相一致，同时，确定长期目标和短期目标，并做好分步实施的计划。以科技事业引领的科技决策还需考虑与利益相关者的沟通，确保各方共同推进实施。

（二）"做科技事业"理念下的科技投入

科研投入是指在进行科学研究和技术创新时所规划和分配的各项资源和资金。科技事业需要多元的投入包括财政、企业投资、基金等多个方面。政府预算主要是由中央或地方政府通过制定科技发展计划，预算一定的财政经费用于科技事业，包括直接拨款给科研机构、大学和企业以及通过科研项目的形式提供的资金支持，也包括在人才培养、设备和基础设施、国际合作等方面的投入。企业投资是指企业为了提升创新能力和竞争力，会投入资金进行研发，可能涉及产品研发、新技术的应用等。风险投资是指一些创新性的科研项目可能伴随着较高的风险，需要社会资本进行风险投资以支持这些探索性的工作。此外，国家还会设立专门的创新基金，用于支持新兴技术、高风险项目或者促进产学研合作。通过科研投入预算和多元投入，组织和国家可以更全面、系统地推动科技创新，提高研究的质量和效益，同时，有助于应对科研活动的多样性和不确定性，更好地应对科技领域的挑战，保障科技事业的发展。

（三）"做科技事业"理念下的科技成果转化

科技事业的最终目标是通过对科技事业的支持推进经济社会的发展，科技成果转化是实现这一目标的关键环节，即将科研成果转变为实际应用、产品或服务。科技成果转化通常涉及将科学研究中的新知识、新技术、新方法等转移到市场上，以创造经济和社会价值。科技成果转化链条长，涵盖产学研合作、技术商业化、知识产权、金融等多个要素，往往需要科研人员、企业家、政府和投资者之间的紧密合作，共同推进。当前，科技成果转化仍是我国科技创新中的一大障碍，为实现科技事业的共同目标，应创新体制机制，强化全链条一体化部署，探索立项、研究、验收评价、成果管理等全链条决策机制，创新科研范式和组织模式，将市场化运用嵌入科技创新活动全过程，充分发挥政府和市场的双重作用，共同推进科技事业的发展。

（四）"做科技事业"理念下的科学普及

科学普及是"做科技事业"的重要支撑，它是指将科学知识、理念和方法传播给广大公众，促使公众更好地理解科学，增强科学素养，并提高对科学的兴趣和参与度。科学普及的目标是建立一个科学文明的社会，使人们更好地理解科学原理、科学方法和科学的应用，从而更好地参与科技创新和社会发展。科学普及通过科普教育、科普场馆、科普活动、科普项目等方式向不同年龄段、不同知识背景、不同工作性质的公众传递科学知识，旨在打破科学知识的壁垒，使科学变得更加靠近普通大众的日常生活，使更多的人能够享受到科学带来的启迪和乐趣，同时也能更好地理解和应对现代社会中的科学和技术挑战，从而共同推进科技事业的发展。其中，科普教育强调培养学生的科学兴趣和探究精神；科技馆、博物馆、科普图书、媒体平台等通过展览、实验室活动和互动展示，呈现科学的奇妙之处；科学节通过举办科学节、科技展览和科学竞赛等活动，为公众提供更多参与科学的机会；科普项目旨在让公众亲身体验科学实践、提高其科学素养。

参考文献

陈超群，孟天广，2023. 新时代高校党的政治建设研究：内涵、问题与路径 [J]. 高校马克思主义理论研究，9（1）：55-65.

陈璐，黄平，2023. 改进中国科研制度和研发体系的"双轨制"构想 [J]. 中国科学院院刊，38（11）：1607-1614.

陈套，2020. 科学研究范式转型与组织模式嬗变 [J]. 科学管理研究，38（6）：53-57.

何新，1989. 中外文化知识辞典 [M]. 哈尔滨：黑龙江人民出版社：100-101.

李春成，2022. 技术科学化的历史回顾、内容框架与经验启示 [J]. 创新科技，22（7）：1-12

李春雷，杜祥，王刚毅，2023. 畜牧业高质量发展：内涵，攻坚要点与政策设计 [J]. 中国农业大学学报，28（8）：296-305.

李子恬，2022. 实现高校教学科研成果转化的应用研究 [J]. 进展：教学与科研（2）：67-68.

吕萍，2018. 科研项目管理现状、问题与改革对策——基于知识生产模式转变的分析视角 [J]. 北京教育（高教）（2）.

马健，虞昊，2023. 粮食安全视角下中国与东盟农业合作的主要成效、现实挑战与未来展望 [J]. 农业展望，19（2）：114-120.

蒲清平，黄媛媛，2023. 习近平总书记关于新质生产力重要论述的生成逻辑，理论创新与时代价值 [J]. 西南大学学报（社会科学版），49（6）：1-11.

孙文静，2022. 基于五种新型科研组织模式的科技监督新范式初探 [J]. 科学管理研究，40（2）.

魏永莲，万劲波，2022. 新时代弘扬科学家精神的若干思考 [J]. 科技导报，40（12）：130-136.

魏永莲，万劲波，2023. 科学家精神在中国的发展历程与时代特征 [J]. 科技导报，41（17）：14-21.

吴何奇，孙元君，2023. 中国科研不端治理机制的审视与调整 [J]. 科技导报，41（7）：28-36.

张渤，王雪，孙从理，2023. 重组后的全国重点实验室科技经费配置政策研究 [J]. 中国科学院院刊，38（11）：1698-1709.

张韶阳，雷蓉，高阵雨，等，2022. 持续升级科学基金人才资助体系，为基础研究高质量发展提供有力支撑 [J]. 中国科学基金，36（5）：765-771.

本章主要研究人员

统稿人　葛毅强　中国农村技术开发中心，研究员
　　　　王文月　中国农村技术开发中心，副研究员
　　　　程燕林　中国科学院科技战略咨询研究院，副研究员
参与人　郑筱光　中国农村技术开发中心，助理研究员
　　　　戴翊超　中国农村技术开发中心，助理研究员
　　　　徐　芳　中国科学院科技战略咨询研究院，研究员
　　　　李转见　河南农业大学，教授
　　　　任　涛　华中农业大学，教授
　　　　杨　震　广东省农业科学院，副研究员
　　　　张志飞　浙江大学，副教授
　　　　姚志鹏　滨州市农业科学院，农艺师
　　　　黎　娟　中国科学院科技战略咨询研究院，研究生

第三章　国际典型科技计划借鉴与启示

科技兴则民族兴，科技强则国家强。近代以来的几次科技革命，引发大国兴衰和世界格局调整。世界各国也都在顺应时代特征，抢抓机遇，制定重点领域科技战略规划，实施有代表性的科技计划，布局实施国家重大科技工程，探索各具特色的科技强国建设和发展道路，推动世界格局从两极化向多极化方向发展。美国、英国、德国、日本、欧盟等相继成为典型科技强国代表，引领各国科技创新事业发展，涌现出很多造福人类的伟大科技成就，引领世界科技进步。

一、国际典型科技计划概述

科技计划是影响科学技术及相关环境未来发展的行动方案，是政府组织科学研究和技术开发活动的基本形式，也是政府弥补市场调节科学研究不足、合理配置科技资源、促进科技进步和经济社会发展的有效手段。当前，全球重大前沿技术和颠覆性技术快速突破，新一轮科技革命和产业变革深入发展，创新领域、创新方式和创新范式深刻调整，科技创新在某种意义上决定着一个国家、一个民族的兴衰和命运。世界许多国家都把强化科技创新作为国家战略，按照各国国情和国家自身发展要求进行调整，大力推进中长期科技战略规划，旨在准确把握、及时布局科技创新的方向和重点，以掌握竞争和发展的主动权。世界各国都在集中优势力量部署重大科技战略计划，推进技术与产业创新，为实现国家战略目标提供有力支撑。国家科技计划主要分为以下几大类。

（一）长周期科技计划

此类计划主要是在国家科技创新大背景下，专注于国家发展某一领域的宏伟目标，吸纳优秀人才、企业开展技术研究，具有周期长、投入大、见效慢的特点，通常需要调动国家各方面力量集中开展研究。

美国半导体十年计划（2023—2035）是半导体研究联盟和半导体协会合作发起的一项新的全社会半导体路线图计划，美国联邦政府在 10 年内每年投资 34 亿美元，资助智能传感、内存和存储、通信、安全和节能计算相关 5 个领域的半导体研发，建立新的公私合作伙伴关系以覆盖广泛的相互依存的技术领域和多学科团队，以市场为导向组织和协调投资来支持关键技术研发，瞄准科技创新前沿，保证美国在半导体产业的领先地位。

英国国家量子科技计划（NQTP）从 2013 年开始实施，分为 3 个阶段，5 年为一个阶段，政府和量子相关行业总体支出预计达到 35 亿英镑，旨在将英国的量子技术应用于前沿的信息处理等技术中，促进量子领域长远发展，吸引国际量子人才，并寻找新的商业机遇来促进英国经济发展，确保英国成为世界领先的量子科学和工程的基地。目前已取得显著成效。

韩国 2025 年构想是韩国国家科学技术会议于 2000 年提出的科技规划，对韩国科技发展长期构想的战略目标和实现这些目标的框架条件作了详尽规划，力争到 2025 年，在一些与美国、英国、德国、法国、日本、意大利、加拿大 7 国水平相当的领域内，确保科技竞争力。该规划顺应科学技术发展的世界潮流和趋势，每个阶段都具有明确的任务，围绕科技发展五大方向，推动韩国从落后的农业国发展成为新型工业化国家。

（二）周期性战略规划

此类计划通常为国家层面牵头开展的科技规划，一般以 4~5 年为一个周期，设有长期研究目标和阶段性目标，并与国家战略相符，可以按照该领域发展的具体情况和遇到的问题对下一周期的研究目标进行调整，具有规划性、持续性、灵活性的特点。

美国植物基因组计划（NPGI）自 1998 年启动实施，每 5 年制定一项五年计划来指导协调基因组研究工作，具体由农业部、国家科学基金会、国立卫生研究院、能源部、白宫科技政策办公室等有关负责人组成的跨机构工作组来统筹负责，目标是了解对农业、环境、能源和健康具有重要意义的植物基因的结构和功能，并应用知识来改善人类社会，解决粮食和纤维需求增加的风险和挑战。

日本科学技术基本计划是由日本政府相关机构制定的全国性科技计划，目前已出台 6 期。为凸显创新对当今时代发展的重要性，日本政府将第六期科技基本计划命名为《科学技术创新基本计划》。该计划是指导一段时期内日本科学技术发展的大纲，其组织制定和实施受到日本《科学技术基本法》保护，使日本紧跟科技创新趋势，按时制定年度创新要点，给科技创新特别是基础研究提供了坚实可靠的法律保障。

德国高技术战略是德国在 2006 年发布实施的，此后出台了《新的高技术战略——创新为德国》《德国 2020 高科技战略》《高技术战略 2025》等高技术领域系列战略计划，在实施不同阶段科技战略的过程中，不断调整重点领域和研究方向，汇集德国联邦政府各部门的研究和创新举措，帮助德国提高了在全球竞争中的地位，成功增加并整合了科研与创新投资，汇集了各种资源，实现了资源的有效利用，为德国经济和社会注入了新的活力。

（三）　短期战略攻关计划

此类科技计划通常以国家战略目标为导向，以军事领域的战略研究为主，持续时间不确定，前期通常开展相应的理论研究，国家保证经费支出和人员力量，力争实现某一方面的国家战略目标，具有目标性、挑战性、理论性的特点。

曼哈顿计划是人类史上最重要的科技计划之一，也是"二战"期间最为重要的军事项目之一，旨在研制出原子弹，以击败德国和日本。该计划早在 1939 年就开始秘密研究，美国联合英国、加拿大政府于 1941 年启动了曼哈顿计划，整个计划的经费是 20 亿美元，集结了世界上最优秀的科学家和工程师，耗时 5 年成功研制出了原子弹。

阿波罗计划是美国国家航空航天局（NASA）于 1961—1975 年实施的一项太空探索计划，总花费为 255 亿美元，旨在将人类送上月球并让他们安全返回地球，是一个大胆而具有明确目标的计划。阿波罗计划涉及成千上万的 NASA 工作人员，同时也得到了很多私营公司和研究机构的支持，虽然过程艰辛，但 NASA 还是成功完成了人类首次登月的壮举。

（四）　突破性研究计划

此类计划通常是国家为应对日益复杂的挑战和问题，来寻求新的解决方案和创新思路，企业参与度较高，给社会带来变革的颠覆性创新，支持具有挑战性、高风险性的创新活动，具有颠覆性、自主性、市场性的特点。

美国 DARPA 计划由美国国防部高级研究计划局（DARPA）牵头开展，在过去的 50 年取得了大量的突破创新，推动了互联网、自动汽车驾驶、隐形技术等改变世界面貌的创新技术发展，具有强烈的前沿技术探索使命导向。项目经理人制度为其典型做法。科研人员在敢于冒险和允许失败的文化氛围中开展科学研究，成为美国促进创新的主要标志和颠覆性创新活力的源泉。

日本 ImPACT 计划是日本政府在 2013 年开始实施的。该计划的推行对日本经济社会产生了重大影响，对创新活动的组织模式带来了重要变革，主要由日本科技政策委员会推进执行，致力于建立一个全新的系统，促进给社会带来变革的颠覆性创新，转变国内研究开发的固有思维模式，从创新内生发展向迎接挑战转变，从封闭创新向开放创新转变。

（五） 跨国科技计划

此类计划通常瞄准人类开拓知识前沿、探索未知世界和解决重大全球性问题等方面，由一个国家牵头发起，多个国家积极参与，汇集各国优秀顶尖科学家共同开展的科技计划，具有融合性、开放性、包容性的特点。

人类基因组计划于 1990 年正式启动，预算高达 30 亿美元，由美国、英国、日本、法国、德国和中国 6 国超过 2 000 名科学家参与，是一项规模宏大、跨国跨学科的科学探索工程，旨在测定组成人类染色体的 30 亿个碱基对的核苷酸序列，从而绘制人类基因组图谱，并辨识其载有的基因及其序列，达到破译人类遗传信息的最终目的。在 2004 年发布了首张基因测序图（92%测序），离人类通向最终目标——通过基因组学研究改善人类健康越来越近。

欧盟地平线计划是欧洲议会和欧盟理事会于 2020 年 12 月 11 日正式批准实施的科技计划。该计划作为欧洲有史以来最大规模支持研发和创新的跨国计划，确定了欧洲在 2021—2027 年科技研发与创新的基本政策与框架，主要目标是通过技术研发和创新帮助欧盟成员国应对气候变化，帮助实现欧洲产业的绿色升级和促进欧盟各国产业竞争力的提升和经济增长，增强欧洲的科学技术基础，设计更绿色和环保的生活解决方案，并推动经济的数字化转型和更好地应对气候变化，推动欧洲社会可持续发展。

（六） 一般性科技计划

除上述各类计划外，各国还会根据发展需要，针对产业发展、人才支持、创新创业等方面设立专项计划，来支持国家科技创新发展，一般会契合国家经济社会发展的战略需求与目标方向。

法国竞争力极点计划是法国于 2004 年首次提出、首次实践并取得成功的概念和战略计划，将各类企业、培训中心与科研机构有机地结合在一起，致力于产品或者产业创新，促进企业提升实力，在不同阶段支持了包括生物技术、粮食生产新技术、食品加工等在内的多领域科技创新，涉及 15 个国际产业集群、56 个国内产业集群。该计划的实施极大程度上促进了法国经济的进步，使得法国在 2008 年经济危机中表现优异，不仅提供了研发和生产平台，构建了相应的产业发展目标规划，还提升了产业的科技水平和产品性能。

法国农业科技计划（Agritech）是法国农业和食品部于 2021 年发布的，将在 5 年内投资 2 亿欧元支持农业创新项目，目的是将法国打造成世界农业科技的摇篮，旨在帮助成熟的初创企业和高效的科研机构挖掘潜力，让一些初创企业成为各自领域的世界领导者，致力于消除农业科技公司的发展障碍。

日本先进技术探索性研究（ERATO）是日本政府于 1981 年设立的，以促进帅才科学家的培养和使用。至今，该计划已连续运行 40 余年，对日本的科技发展产生了重要影响。该计划主要为能够提出独创性大型研究主题和切实可行实施路线的研究者提供资助，使他们成为研究负责人，根据自己的想法引领研究活动，自由探索，产出能给未来经济社会发展带来重大影响的创新型成果。

二、国际典型科技计划的组织实施

当今，科技和产业竞争日趋激烈，各国都在以国家战略需求为导向，围绕产业链创新链研究制定各类科技计划，为科研人员营造开放自由的良好科研环境，强化企业科技创新主体地位，以此来推动国家科技、经济以及社会等各个领域快速发展。各国科技计划的实施都在统筹多方优势资源，汇集各部门各领域政策支持、科研力量、金融资本等创新资源，通过强有力的组织机制，推动科技计划取得更大进展。

（一）美国 DARPA 计划的组织实施

美国 DARPA 计划属于突破类研究计划，是由美国国防部高级研究计划局（Defense Advanced Research Projects Agency，DARPA）牵头开展的研究计划。DARPA 计划始终将国家军事目标作为首要关注点，侧重于基于技术能力的长期开发，承担的科研项目着眼于未来国防需求，为解决国家安全的中长期问题提供高技术储备和支持。其研究成果如互联网、隐身技术、GPS 全球定位、无人驾驶等颠覆性技术不仅使美国军事科技实力冠绝全球，也深刻改变了世界。DARPA 计划的宗旨是"保持美国的技术领先地位，防止潜在对手意想不到的超越",其使命是防止别国对美国"技术意外",并创造美国对敌人的"技术意外",始终致力于跨越基础研究与实际应用之间的鸿沟,努力提升国防技术的成熟度,使企业对技术应用前景充满信心,能够主动进行生产、使用、推广,顺利将技术转化为战斗力和生产力。它引领了美国国防科技创新之路,其卓越成就引发了世界瞩目和竞相模仿。

1. DARPA 创新组织模式

DARPA 通过高效的组织架构、灵活的研究团队和高度自主的授权机制充分发挥科研人才的潜力,营造开放的、利于创新的科研环境。

DARPA 计划整体上采用"小核心、大网络"的扁平化组织架构,具有规模小、扁平化、灵活性的特点,不仅减少了组织层级,也加速了体制运转,大幅精简高新技术创新发展决策的流程,也避免了官僚体系对技术方向和创新效率的影响。DARPA 从上到下只有局长—技术办公室主管—项目经理人 3 个层级,权责清晰。DARPA 局长负责与国防部沟通,寻找项目资金,确定研究方向总体计划,他可以根据长期战略需要来决定办公室的工作形式和任务,也可以解散或者建立新的办公室,来保持高新技术长期发展的灵活性。技术办公室主管负责招聘项目经理、调拨资金、搜寻前沿高新技术项目以及连接不同领域的创新思想、资源和人才。项目经理人则是 DARPA 的创新核心,不仅需要了解美国目前与未来所面临的挑战,还需要识别有助于应对挑战的高新技术,并确保高新技术通过迭代创新移交到需求部门。"小核心"目前由 7 个技术办公室和 5 个职能办公室组成,每个技术办公室可同时管理多个项目,是 DARPA 架构的核心(图 3-1)。为了保持对高新技术领域的敏感性,根据各个时期工作重点和技术机遇的不同,DARPA 还会在常规的组织结构框架外成立临时的特殊项目办公室,致力于开发、部署对国家安全至关重要的高新技术领域,并加速其发展进度。"大网络"包括政府部门、外部专家团队以及与项目有关的高校科研机构、军方代表、精英科学家、供应商等,共同构成 DARPA 强大的外脑网络。DARPA 长期与他们建立稳定的合作伙伴关系,为 DARPA 更新迭代式创新和全周期成果的转化提供了更多可能性。

DARPA 计划支持的项目一般都是短期的,是典型的使命导向型研究,研究周期在 3~5 年,具有明确的战略目标,优先瞄准对国家安全和经济发展至关重要的高新技术。DARPA 作为专业化的管理机构,其行政管理和专业技术管理之间的边界非常明确,内部不设研究实验室,主要通过授予工业界、大学、非营利组织和联邦研发机构实验室一系列合同来执行其研发计划。项目经理人是 DARPA 创新组织模式中的核心人物,他们通常来自机构外的科研群

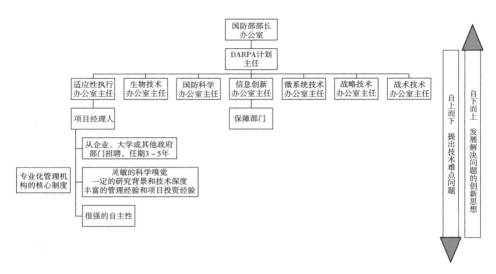

图 3-1　DARPA 组织架构

体，任期时间相对较短，通常为 3~5 年。对项目经理人的管理采取人员与项目同进退的"有限管理"原则，工资依据科技创新绩效来评定。项目经理人可以自行发起项目和管理预算，也可以自己提出或根据调研和社会公开征集来确定具体的研究方向。在整个项目实施管理过程中，项目经理人具有很强的自主性，技术选择、项目组织、项目协调、项目执行、项目经费管理、技术产业化等多个方面都依赖于项目经理人的判断与决策。

项目的遴选主要依托各种研讨交流活动，聚集美国甚至世界顶尖科学家和工程师，举办技术发展高端论坛，采取"头脑风暴"方法选定科技发展项目；通过举办工业日、开放日、提议日和发布业务公告等活动，全方位寻找独特新颖的科技创新思想，不采用同行评议，鼓励项目经理人将研发任务与个人兴趣高度结合，充分发挥项目经理人的主观积极性。项目资助与管理采取资助多个机构、平行竞争和淘汰的方式。在最初阶段小额资助多个团队开展平行竞争，对于进展不力的团队予以淘汰、或资助有更好技术方案的团队和项目。项目确定后，团队组建由项目经理人牵头，通过技术办公室发布招标公告，向全美甚至全世界公示相关信息。

项目的评估采用"海尔迈尔教化论（Heilmeier Catechism）"来评估项目的可行性，包括①你想做什么？②目前该技术谁在做？做到什么程度？现有方法局限性是什么？③你的新方法是什么？你为什么认为这个新方法可以成功？④如果成功了，与现在相比会有什么不同？⑤你认为需要多长时间？⑥你的中期和最终绩效指标是什么？⑦预算是多少？对于相似的战略目标，DARPA并不会将责任聚焦在一个项目上，而是采取多团队、多技术路线的竞争性资助，促使项目之间产生良性的竞争机制，进一步降低颠覆性技术研发的不确定性。在整个项目的实施阶段随时可对原定技术方案进行调整甚至更换，以保证技术方案在认知范围内的最优化。

DARPA推行围绕创新链的"全周期"成果转化机制，从项目筹划阶段就开始将每个环节的技术转化纳入进去，将转化要求贯穿始终。首先对具有应用需求目标的基础性研究进行先期资助，再与初创企业签署技术开发合作协议，对基础研究成果进行应用性技术开发，然后经由DARPA将技术转移给相关需求机构，由需求机构通过招标方式进行原型机试生产，最终待原型机成熟后，经由政府采购率先将产品提供给相关需求机构使用，并尝试引入私人资本支持，逐渐推向广大市场。根据美国政府问责局的评估，DARPA科研项目的转化率大概在50%。

DARPA会通过多种方式来开展技术创新，比如定期举办DARPA挑战赛，通过公开竞争的方式使不同领域的技术碰撞出火花，加速技术相互融合，实现竞争式创新。采取众包模式创新，即将大量的工作任务以外包形式交给社会其他机构，来缩短创新时间，提高创新效率，最大限度调动全社会创新积极性。建设多学科、多领域协同创新的新型社交媒体平台，利用网络力量进行技术研究和开发，缩短从科学理论到科研实践的进程。针对某些具有短期创新要求的技术研发任务，采用"创新会馆"模式，将不同领域的研究人员集合起来，同吃同住、协同工作，在短期内针对面临的技术难题提出创新性的解决方案。采用迭代创新模式，在利用相关项目完成小颗粒度技术创新后，将多项小颗粒度技术汇聚、融合，形成更大的项目，继续进行大颗粒度技术创新，从而使该技术主题相关研发能够持续推进、深化拓展，最终获取领先世界的技术优势。向大众公开征集技术发展想法和概念，鼓励大众与项目经理人分享对新技术方向的创新想法和研究建议。

2. DARPA创新组织模式特点

纵观DARPA近70年发展进程，其作为科技创新典范具有以下几个特点，这些特点推动DARPA抛弃传统官僚主义的创新方式，探索出了更加高效的创新模式，为科技事业发展作出了贡献。

一是前沿探索的使命导向明确而强烈。DARPA的研究着眼于潜在的未来军事需求，据此确定研发方向和目标，是典型的使命导向、由应用引起的"自上而下"型基础研究。在形成项目需求时，紧紧围绕国防与军事的需要，始终关注美军未来军事能力发展目标，坚持需求导向与目标牵引，使 DARPA 一直能够把握国防科技创新的未来方向，能够科学合理地规划创新路径，从而有效应对创新的不确定性、复杂性与多样性，迸发出一系列重大成就。

二是扁平化组织架构简洁而高效。DARPA 拥有自上而下三级管理权责分明的扁平化组织架构，各级管理层面都很明确自己的职责和义务，这样的模式可以缩短决策的流程，每个技术办公室可以享有完全自主的决策权，能够充分激发项目经理人的潜能，创造良好的创新环境。同时，如果因为战略需求要调整机构设置，每个技术办公室的确立也可以进行随时调整，可以更好地顺应国家总体战略。这种动态变化的扁平化组织架构可以避免机构因长期固化带来的组织僵化，避免认识新事物的能力受到限制，使 DARPA 始终能够洞见高新技术最前沿，牢牢把握技术创新发展的主动权。

三是以项目经理人为核心的有组织科研联动紧密。DARPA 模式可以充分激发各个创新组织环节人员的积极性。对于项目经理人来说，快速的流动性可以带来新的想法和能力，他们可以自行选择和决策合适的项目进行研究和开发，还可以自行对合作伙伴和员工进行选择和任免，对项目的执行情况进行跟踪并监督。这种充分的放权使得 DARPA 各部门的项目经理人可以全身心投入项目研发，大幅提高项目完成的质量和效率。对于研究团队来说，DARPA 常采用"终局"（End-game Approach）的方法，从未来最终产品向当前研发逆向分解研究路径，明确所需人员能力需求及协作方式，以此作为遴选科研人员的标准。项目经理人全权负责组建和管理研发团队，通常由 5~10 个机构或大学组成，结构合理、精明能干、活力四射。项目设定固定的周期（最长 5 年），人员工作时间不超过 6 年，从而营造"紧迫"的工作氛围，激发科研人员的热情，同时还设有临时团队，遇到技术瓶颈问题时，项目团队成员也可以进行调整，具有较大的灵活性。

四是良性竞争机制促进创新开放与协同。DARPA 在项目管理中采用平行竞争、分阶段资助的方式，资助目标相同但技术路线不同的多个团队，展开竞争性研发。在项目最开始时会小额资助目标相同但技术路线不同的多个团队展开竞争性研发，对于进展不力的团队予以淘汰，或者资助有更好技术方案的团队和项目。这种良性竞争模式可以促进项目之间的相互交流，使科学家在项目进行的不同阶段进行思想碰撞，拓宽思路、协同创新，加速技术的扩散和升级速度，提高项目成功率，也降低颠覆性技术研发的不确定性。

五是宽容失败的创新文化环境鼓励大胆创新。接纳新想法、敢冒风险、允许失败是 DARPA 创新的基本元素。项目提案要经过严格审查，但没有任何一个想法会因为太过大胆而被拒绝。比起风险太高的项目，那些缺乏前瞻性的项目往往更容易被拒。同时，DARPA 也接受失败，即使最终的结果并不是最初希望的，但在过程中获得的技术也许会有很大价值，也能得到新的创新点和认识。DARPA 还会通过专家审查、项目遴选等来降低失败的可能性，但一切都不能阻碍创新的步伐。

3. 经验与启示

DARPA 的成功经验对于专业机构组织实施科技计划项目具有很大的借鉴意义。一是结合我国国情，深挖 DARPA 项目平行竞争的主要做法，更好完善"赛马制"项目机制，如分阶段、多团队支持等，避免争夺项目，努力营造共同发展的环境，更好发现对国家科技创新事业发展有益的项目，允许失败。二是探索将项目经理人制度与项目负责人制度相结合，适度放权，比如有权选择团队成员、鼓励团队开展非共识项目、限制任职聘期等，激发科学家精神，坚持问题导向，带领团队开展科学研究，使项目负责人真正做科研事业。三是调动全社会力量开展技术创新的积极性和热情，尝试"DARPA 挑战赛""众包""创新会馆"等激发竞争性创新的方式，激发科研团队灵感，提出更符合国家需要的创新技术方案，营造良好的创新生态环境。

（二）"欧洲地平线"计划的组织实施

"欧洲地平线"计划（Horizon Europe）属于长周期科技计划，它作为欧洲有史以来最大规模支持研发和创新的跨国计划，是维护欧盟在应对全球挑战方面的领导地位及保持欧洲工业核心竞争力的支柱计划，确定了欧洲在2021—2027 年科技研发与创新的基本政策与框架，肩负着提升科技水平、解决社会问题、促进经济发展的使命。该计划预计资助经费 955 亿欧元，涵盖了欧盟成员国参与科技研发与知识经济合作的各个方面。该计划的主要目标是保持科学技术卓越发展、提升工业企业竞争力和帮助欧盟成员国应对经济社会的挑战，从而推动欧盟经济社会实现绿色、健康和可持续发展。"欧洲地平线"计划是对欧盟第八研发框架计划（"地平线 2020"）的执行进展、目标实现情况、资源使用效率、发挥的作用、与其他计划的协同性等方面进行中期评估后，委托高级别专家组进行深入研究分析得到的具体实施方案。内容包括民用研究和军事研究两部分，民用研究包括三大支柱和一个横向支撑板块，三大支柱是"卓越科学"支柱（侧重基础研究）、"全球挑战与欧洲产业竞争力"支柱（侧重应用研究）和"创新型欧洲"支柱（侧重产业化）；横向支撑板块是"广泛参与研发框架计划以及加强欧洲研究区建设"板块（侧重区域协调发展）（表3-1）。

表3-1　2021—2027年"欧洲地平线"计划基本架构及预算安排

（单位：亿欧元）

军用研究（欧洲防务基金）	民用研究			原子能研究与培训项目（2021—2025）（13.81）
	"卓越科学"支柱（250.12）	"全球挑战与欧洲产业竞争力"支柱（535.15）	"创新型欧洲"支柱（135.97）	
1. 科研活动（26.51）	1. 欧洲研究理事会（160.04）	1. 健康（82.46） 2. 文化、创意、包容性社会（22.80） 3. 社会安全（15.96） 4. 数字、产业与空间（153.48） 5. 气候、能源与交通（151.23）	1. 欧洲创新理事会（101.05） 2. 欧洲创新生态体系（5.27） 3. 欧洲技术与创新研究院（29.65）	1. 核聚变（5.83） 2. 核裂变（2.66） 3. 联合研究中心（5.32）
2. 开发活动	2. 玛丽·居里行动（66.02） 3. 科研基础设施	6. 食品、生物经济、自然资源、农业和环境（89.52） 7. 联合研究中心的非核类直管项目（19.70）		
	"广泛参与研发框架计划以及加强欧洲研究区建设"（33.93）			
	广泛参与研发框架计划、促进优秀科研成果扩散（29.55）		改革提升欧洲科技创新体系（4.38）	

1. 组织机制

"欧洲地平线"计划是欧盟的第九框架计划，以框架形式进行部署，主要通过项目征集方式实施，按照卓越、影响、执行质量与效率标准立项，但也有部分项目将作为重大任务和欧洲伙伴关系的一部分。该计划的管理层级结构主要分为3级。第一级由欧盟理事会（决策机构）、欧盟议会（立法机构）与欧盟委员会（执行机构）三者掌控科研全局。第二级是科研与创新总司、联合研究中心等负责欧盟科研政策制定及科研计划管理的决策执行和服务，科研与创新总司是欧盟委员会制定并实施科技战略及政策的主要职能部门，主要负责科技战略、科技政策制定以及科技计划、改革措施部署及监管。第三级是项目管理专业机构，主要参与项目管理工作，包括欧洲研究理事会执行局、欧洲研究执行局、欧洲中小企业执行局和欧洲创新与网络执行局四家机构，主要负责指南发布、资格审查、立项评审、合同签署、项目监督等支撑工作（图3-2）。

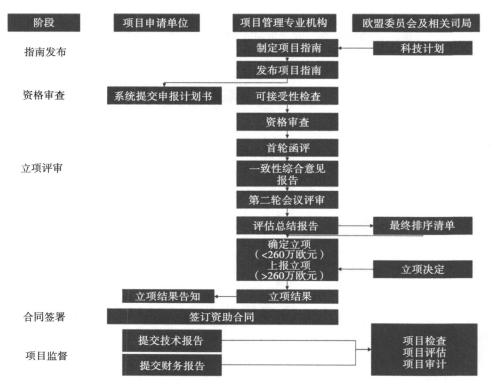

图3-2 "欧洲地平线"计划基本架构及预算安排

项目管理专业机构根据科技计划安排制定各自领域的项目指南,项目指南发布后,由项目承担单位填写申报书,项目管理专业机构进行可接受性与资格审查,筛选出符合标准的参与者。在立项评审的过程中,项目管理专业机构会组织专家对项目进行两轮评审。第一轮邀请3~5名专家以函评的形式从卓越性、影响力、实施质量及效率3个方面对申报书进行审核,形成审核报告,并在集体讨论后形成专家组意见。第二轮评审由参与项目函评的20~30名专家召开评审会议,形成评审总结报告和课题排序清单,由项目管理专业机构和相关的欧盟专业司局沟通后,确定最终的项目排序清单。对评审专家没有明确标准,只需要满足项目评审的有关条件。在评审结果反馈过程中,项目管理专业机构根据项目的经费额度进行分类处理。经费额度高于260万欧元的项目,经项目管理专业机构报请欧盟委员会相关司局后作出立项决定;经费额度小于260万欧元的项目,由项目管理专业机构自行确定是否立项,并与项目承担单位签署资助合同。评审结果一般分为支持、不支持和备选 3 类。

"欧洲地平线"计划的项目监督工作通常是由欧盟委员会负责。在项目实施期间，项目承担单位要定期将技术报告与财务报告提交给欧盟委员会。在项目实施期或之后，欧盟委员会也会对项目的实施情况、进展情况及经费执行情况进行检查。项目实施期或之后 2 年，欧盟委员会还会从目标调整、科研活动进度、资源调配、组织管理、项目成果、预期前景等方面对项目实施情况进行整体评估。

科研项目经费拨付一般分为预付款、一次或多次中期拨款、余款拨付三类。项目承担单位需定期提交科技报告、财务报告和拨款请求，经欧盟委员会审定后才能获得拨款。此外，为保证项目按进度顺利完成，还制定了保证金机制，即预拨第一笔资金时，一次性扣除总经费的 5% 作为保证金，余下的拨给项目承担单位。项目到期后，根据项目验收结果、资金拨付情况和报销情况，按照"多退少补"的原则给予保证金返还。

由于"欧洲地平线"计划规模庞大，制定了较多的政策文件、条例规章、配套规定来保障其更好地发挥作用。2021 年 3 月发布的《"欧洲地平线"战略规划（2021—2024）》明确了"欧洲地平线"的中期科研目标和方向；2021 年 4 月通过的《关于制定参与"欧洲地平线"及扩散科研成果规则的条例》从宏观管理角度规定了"欧洲地平线"计划的基本安排和主要事项，是该计划的"基本法"；5 月通过的《关于制定实施"欧洲地平线"的具体方案的决议》确定了该计划的实施方式和具体科研领域；《变局下的欧洲国际科技创新合作全球方略》明确了"欧洲地平线"的国际合作政策；6 月发布的《"欧洲地平线"年度工作方案（2021—2022）》列明了"欧洲地平线"前两年的项目征集指南。此外还有《欧洲技术与创新研究院条例》和《关于设立欧洲原子能共同体的研究与培训计划的条例》等特定领域的文件。

2. "欧洲地平线"计划组织实施特点

"欧洲地平线"计划作为投资额度最大、研发领域最广、参与机构和人员最多的战略计划，在组织实施时具有以下几个特点：

一是注重目标导向创新。该计划主要依据不同的具体目标来进行优化整合，欧盟委员会逐层分解宏观目标，在宏观政策和具体项目之间设立专项任务，使之起到承上启下的作用，更好地统筹协调资源。每个专项任务都旨在有限时间和预算内解决社会挑战相关问题，且以之为桥梁，衔接具体项目和需要解决的全球挑战。

二是注重链条创新。该计划在"地平线 2020"计划基础上，通过合并和新设对研发框架结构进行大幅度调整，主体内容基本按照基础研究、应用研究、产业化和横向支持板块进行布局，各个板块的功能定位都非常清晰，贯穿科技创新整个链条，对促进欧洲科技发展可以起到整体的推动作用，各方面都有所涉及。

三是注重协同创新。该计划的协同创新主要体现在两个层面。第一个层面是不同子计划之间的协同。从设计战略规划，到项目遴选、管理、沟通、成果扩散、监测、审计和治理，"欧洲地平线"计划将促进与交通、区域发展、数字化、国防、农业、航天等领域其他欧盟计划的有效协同，3个支柱各有侧重点，相互协调，每个支柱下不同的子计划间设立了协同机制，提出要加大合作和信息共享等。第二个层面是不同参与机构之间的协同。该计划支持政府与私营和公共部门结成伙伴关系，向学术界、产业界、成员国、慈善基金会等各类主体开放，欧盟委员会与"伙伴们"根据《欧洲联盟运行条约》第185条或第187条，以及"欧洲地平线"计划支持的欧洲创新与技术研究院（EIT）来建立的合作伙伴关系，通过签订谅解备忘录、资金和实物捐助等方式共同规划并资助研发计划。

四是注重开放创新。该计划要求资助产生的所有科研成果和数据均须开放共享，总原则是"尽可能开放，必要时关闭"，基本要求是"可发现、可获取、可兼容、可重复使用"，全面推行"开放科学"，来推动科研数据，尤其是欧盟资助产生的科研数据要在线免费开放，强化科研成果广泛扩散和利用，促进科学和知识的快速传播。同时，"欧洲地平线"计划建立了"共同设计"机制，通过线上线下征集多方意见，优化计划实施目标。

3. 经验与启示

"欧洲地平线"计划框架制定过程、制定理念和若干改革亮点值得我们在制定科技创新战略规划和优化科技计划管理的过程中学习借鉴。一是在监测评估的基础上设计我国科技战略。"欧洲地平线"计划在设计期间会充分开展创新研究、采纳民众意见，在原有计划基础上根据实际情况进行优化。我国也可以参考这种设计理念，持续开展充分的前期研究和阶段性评估，保障计划的结构合理性、目标一致性、实施高效性。二是项目评审方式可以进一步优化。我国可考虑将欧盟采用的函评和会议评审两轮评审方式与我国的评审模式优化整合，取长补短，放宽对评审专家选取要求，推行国际同行评议，更好的支持有助于国家发展的科技计划项目立项实施。同时，欧盟专业机构有权对经费小于260万欧元的项目自行确定立项，我国也可以给予项目管理专业机构一定审批权。三是加强各专项间互补与协调。我国科技计划项目间的协调和互补机制不够清晰，可以参考欧盟做法，充分考虑计划下不同部分间的互补和协调，避免碎片化和重复资助，在增进项目间的协调、支撑和互动的同时，也能拓宽科研人员的交流。四是推崇"开放"的科学理念。开放可以使研究与创新活动充分释放潜能，建议我国开放信息公开获取渠道，让公众知晓计划和项目执行层面的相关信息，这可以使科研人员充分了解计划的设计理念和思路，也能增加公众对科技计划的认知和监督。

（三） 美国植物基因组计划的组织实施

美国植物基因组计划（National Plant Genome Initiative，NPGI）属于周期性战略规划，于 1998 年正式启动，每 5 年制定一项五年计划来指导协调基因组研究工作。该计划旨在建立对植物基因组结构和功能的基本认知，并在此基础上形成对重要经济作物和具有潜在经济价值的植物生长发育调控机制的全面理解。迄今为止，NPGI 已经实施了 5 个五年计划。每个五年计划既有总体目标，也有具体的分目标，循序渐进、逐步深入，有效提高了美国农作物的生产效率、产量、可持续性、可恢复能力、健康性及产品的质量和价值，确保美国在农业方面始终领先。在 NPGI 的引领下，利用植物遗传潜力改变美国农业，提高作物产量和产品质量，保障全球食品安全，并降低全球农业遭受毁灭性病害、虫害和恶劣环境的风险，使美国在植物遗传资源、基因组学和遗传改良研究方面成为全球领先者。过去的 20 年里，全球已经公布了 1 000 多个植物基因组的序列，主要作物及其祖先已经产生了多个参考水平的基因组，从而创造了泛基因组，并探索了现代作物育种可以采用的驯化历史和自然变异。

1. 项目组织模式

NPGI 由美国国家科学基金会（NSF）资助支持其开展研究，NSF 作为美国唯一致力于支持基础研究和科学与工程各个领域教育工作的联邦机构，其自主成果对美国经济和人类福祉产生重大影响。参与 NPGI 的联邦机构有美国农业部（USDA）、能源部（DOAE）、国立卫生研究院（NIH）、国家科学基金会（NSF）、科学与技术政策办公室（OSTP）、管理与预算办公室（OMB）和美国国际开发署（USAID），它们组成了植物基因组跨机构工作组（Interagency Working Group in Plant Genome，IWG），IWG 每 5 年制定一项五年计划来指导协调基因组研究工作，其管理上完全遵循 NSF 的计划管理模式，主要包括选题设定、指南发布、评审立项、项目执行、项目评估等 5 个关键环节。

NSF 采用精细化过程管理办法，每一步都有标准的处理要求，弹性很小，各个管理模块间具有信息关联机制，侧重事前管理，事后管理以评审监督为主。整个过程覆盖利益冲突管理（图3-3），通过发布《行政部门雇员道德行为准则》《利益冲突及道德行为准则》等制度文件，利益双方签署《利益冲突声明》，设置道德顾问等举措有效遏制"雇员利益冲突"和"评审专家利益冲突"，最大限度保证项目管理的公正性。注重科研项目管理体系的自评估，持续优化管理流程。

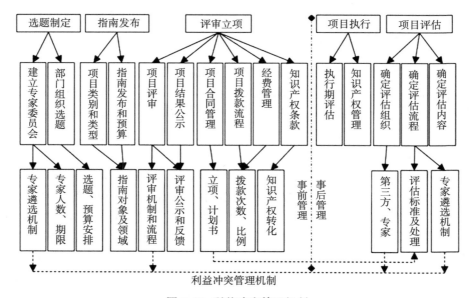

图3-3 利益冲突管理机制

（参考常旭华：《美国 NIH 和 NSF 的科研项目管理精细化过程管理及对我国的启示》）

一是选题制定模块。NSF 组建了最高层面的专家委员会，统筹安排优先资助领域及相应预算分配。选题渠道方面，NSF 采取"自上而下"（推进白宫科技政策办公室的全局规划）与"自下而上"（吸收科学共同体的建议）相结合的方式选题。通过制定的《专家咨询委员会工作办法》《监督委员会章程》等，对专家来源、遴选机制、专家人数、任职期限、任务和权限、利益冲突机制、内设机构构成等做了详细规定。同时，委托专家委员会定期组织"有影响力并十分活跃的学者"讨论科学规划、潜在选题及优先资助领域，实现政治过程和技术过程、国家意志和科学声音的双结合。确定选题后，NSF 按科技计划/领域分配科研经费，并根据项目属性灵活设置经费拨付标准。具体而言，NSF 取消批次管理，通过"即时申请，即时评议"的做法实现科研预算的滚动拨付，灵活调配特定选题的经费配比。

二是指南发布模块。该模块是科研项目事前管理的核心，包括资助类别设计、资助机制、项目申请类型及申请书规范等内容。针对科研项目资助类别，NSF 根据计划目的（非科学目标）设置了不同种类。针对项目申请书的内容，NSF 根据不同资助机制提供了详细的科研项目申请辅导手册。

三是项目评审和立项模块。针对评审程序，NSF 设置了"专家评审+项目官员"串联式评审制度。在专家评审环节，评审中心根据项目申请类型、上一轮评审结果、申请内容对项目进行分组，再依据评审专家研究领域和评审记录、申请人材料匹配评审专家，由评审专家给出"科学与技术价值"和"社会影响"分数。在项目官员评审环节，项目官员根据专家评审结果进行二次评审，并与科研人员就研究内容、部门需求、预算编制等反复沟通。借助"专家评审+项目官员"串联式评审制度，项目官员得以汇集研究设计、评审专家意见、资助机构需求三方信息，最大程度协助资助部门主管做出准确的资助判断。NSF 建议预算项目包含劳务费（覆盖项目负责人、主要参研人员的薪金和津贴福利）、设备费、专家咨询费、改造和翻新费用、出版和杂项费用、合同服务、财务成本、差旅费、设备和管理成本（间接费用）。针对评审结果公示和反馈，NSF 规定无论科研项目是否获批，所有评审相关材料均反馈给项目申请人，包括最终资助意见、项目评审决议文件复印件、会议总结复印件、现场报告及会议记录等。风险防控方面，NSF 建立了科技报告制度和财务控制制度，通过资助者定期提交的国家科技报告平台提交进度报告来判断是否延续资助，并会对 5 年累计资助额超 22.5 万美元的项目申请者进行资助前评估。

四是项目执行模块。包括过程控制、知识产权管理、结题评估、退出和中断机制等管理内容。美国有统一的国家科研项目综合管理平台，具备真实性检查、计划管理、成果登记和评估、经费控制等功能。所有项目承担单位必须接入该系统，以全面监测科研项目进展和经费使用情况。

五是项目评估模块。结题评估方面，NSF 采用项目评级工具对科研项目执行情况、产出成果定性评估，指标包括"目标和设计""战略计划""项目管理""结果管理"四部分，权重分别为 2：1：2：5，评分等级为有效、基本有效、适当、无效四个等级。在评估手段上，NSF 采取内部评估和第三方独立评估相结合的方式。

2. 美国植物基因计划组织实施特点

在 NSF 的组织机制下，美国科技创新各学科健康发展，NPGI 也推进了美国农业科技研究迅速发展，保持其在世界的科技领先地位，在组织实施方面主要有以下几个特点。

一是注重部门统筹形成合力。NPGI 计划的实施由 NSF 领导，统筹协调相关领域部门组建工作协调组，使农业部、能源部等机构作为主要执行单位，就具体研究项目进行协调，每 5 年会对计划进行一次调整。这种做法可以更好地加强部门交流，更有效地推动计划产出成效。

二是项目经费资助来源广泛。资助 NPGI 项目的主体主要有政府、企业和基金会，鼓励联邦机构积极与私人机构加强合作，共同投资、促进开放，可以使科研更好更快发展。

三是注重发挥项目培训和科普功能。每一期 NPGI 计划的目标中都含有推广和培训的内容，主要目的是推广基因组信息和技术，高度重视基础科学研究、人才培养和公众教育，甚至包括对中小学生的服务项目。

四是项目评估工作组织规范。NPGI 计划在项目评估时，从评估专家遴选、评价准则与标准的确定，都有具体的指标设置和评分说明，每一步都有详细的操作说明，操作程序具体而周全，可以使评估过程更加规范，提高科研经费使用绩效。

3. 经验与启示

NPGI 计划的实施与我国科技计划项目的组织机制具有较大的一致性，但也有可以学习借鉴的经验。一是政府要与非政府部门、民间企业、基金会等进行协同配合，共同努力提高项目资助力度，推动科技创新更大产出。二是项目资金要涉及人才教育，从小娃娃抓起人才培养，使科学种子在青少年心中萌发，培养具有科研热情的未来科学家。三是要进一步完善现有的项目评估和绩效考核基础，对每一步操作环节都进行详细说明，避免项目评估的随意性，减少错失重大创新的机会。

三、国际典型科技计划管理经验启示

在当前环境下，我们要优化现有科技政策，创新科技计划管理举措，打造良好科研生态环境，汇集全球各界顶尖科技人才，坚持目标导向，突破"卡脖子"技术，抢占未来科技制高点，鼓励并引导广大科技人员从做科技项目向做科技事业发展，更好推动我国科技进步和创新发展。

（一）瞄准国家重大战略需求，运用创新思维制定科技计划

我国科技计划要围绕国家战略需求进行布局设计，一是对已实施的科技计划进行科学评估的基础上，不断优化和动态调整设计，既可以保证计划实施的

连续性，也能根据国家总体战略目标呈现出新的改革亮点。二是创新完善科技计划管理部门协调机制，充分调动各方资源，有效统筹协调好政府部门、企业、机构。可尝试吸纳企业、私营部门等资金投入科研环节，动员更广泛的社会力量在科技创新中发挥强有力的作用。

（二）构筑开放包容创新生态，努力打造科技创新合作平台

科学研究要保持一定的开放性，鼓励有共同事业与愿景的科研人员以多种方式共同开展科研攻关。一是营造良性竞争的科研环境，避免出现"争夺项目"的情况，探索优化"赛马制"，允许同一项目多个团队参与，加强团队间的合作交流，共同开展科学研究。二是建立开放科学机制，推动科研数据共享，科研成果开放，同时也要做好知识产权保护，营造开放科学环境。三是对项目管理专业机构、项目负责人、科研团队适当放权，比如给予专业机构一定的项目审核权，给予项目负责人对团队的选择权等，激发各类人群开展科学研究的热情。

（三）加大对科技人才的支持，激发科研人员干事创业热情

科技创新归根到底是人类的实践活动，强化人才自主培养能力、培育大量科技创新人才对国家发展具有深远影响。一是做好科技启蒙。在科技计划里尝试覆盖幼儿、中小学、大学的科普教育，注重提升青少年的科技素养和能力，从小激发"科学爱国"热情，鼓励企业为学校提供经费进行科学研究。二是扩大项目资助人员范围。目前国内科技计划支持的科研团队主要以重点院校、科研单位具有高级职称的科技人员为主，青年科学家项目也是针对优秀青年科研人员。可以适当扩大项目资助范围，从科研到培训支持来自学术界和企业界各个研究领域、不同国籍的研究学者。三是加强经费保障和法律保障，健全科研经费的保障体系，确保科研项目顺利开展，科研人员没有后顾之忧，并继续加大人才引进力度和政策支持。

（四）优化科技计划组织机制，以有组织科研推进科技创新

一是在重视"有组织科研"的背景下，强化自由探索，鼓励"从 0 到 1"的原始创新，对于有原创性、创造性、革新性的项目，虽然具有不确定性，但也应该给予支持，完善鼓励冒险、允许失败的自由探索机制。二是打通产学研创新链条，在新型举国体制下，科技计划设计要布局覆盖全产业链条的各个环节，强化企业在科技创新中的主体地位，设计实施支持企业创新创业发展的科

技计划，充分发挥企业创新主体作用。

参考文献

曹学军，2001. 基因研究的又一壮举——美国国家植物基因组计划［J］.
　　政策评述，1：24-25.

常旭华，陈强，刘笑，2019. 美国 NIH 和 NSF 的科研项目精细化过程管理
　　及对我国的启示［J］. 经济社会体制比较，2：134-143.

陈强，鲍悦华，2008. 德国重大科技项目管理及其对我国的启示［J］. 德
　　国研究，23（2）：47-51.

葛春雷，裴瑞敏，2015. 德国科技计划管理机制与组织模式研究［J］. 科
　　研管理，36（6）：128-136.

韩国制定长期科技发展规划——2025 年构想［J］. 全球科技经济瞭望，
　　2003，6：12-14.

郝凤霞，刘海峰，李晨浩，2012. 欧盟框架计划研发项目管理机制及其借
　　鉴［J］. 科技进步与对策，29（12）：5-10.

刘蔚然，程顺，2004. 《韩国科技发展长远规划 2025 年构想》剖析［J］.
　　科学对社会的影响（3）：8-11.

邱俊，梁正，顾心怡，等，2023. 美国新型类 DARPA 项目管理创新机构
　　的若干进展及启示［J］. 中国科学院院刊，38（6）：907-916.

王玲，2003. 日本的科技计划与战略［J］. 世界科技研究与发展，25
　　（4）：98-103.

王雪，宋瑶瑶，刘慧晖，等，2018. 法国科技计划及其对我国的启示
　　［J］. 世界科技研究与发展，40（3）：261-269.

吴海军，2015. 法国科技计划管理体制简介［J］. 全球科技经济瞭望，30
　　（9）：7-15.

闫绪娴，侯光明，2004. 美国科技计划管理及其特点［J］. 科学学研究，
　　22：78-81.

燕莉，扈啸，2022. DARPA：美国创新型机构成功实例［J］. 管理纵横，
　　3：44-48.

张楠，吴燕，2021. 美国全球科技创新计划的实施成效及启示［J］. 全球
　　科技经济瞭望，36（1）：39-42.

智强，林梦柔，2015. 美国国防部 DARPA 创新项目管理方式研究［J］.
　　科学学与科学技术管理，10（36）：12-21.

周斌，曲轶龙，霍竹，等，2017. 德国科研项目管理专业机构现状及对我国的启示［J］. 科技管理研究，18：167-172.

朱庆平，吴根，车子璠，等，2021. 美国国家量子计划实施的特点及启示［J］. 科技导报，39（18）：9-14.

本章主要研究人员

统稿人　胡熳华　中国农村技术开发中心，副研究员
　　　　李雅君　中国农村技术开发中心，助理研究员
参与人　王忠祥　中国农村技术开发中心，助理研究员
　　　　蔡　俊　湘西州科技信息研究所，副研究员
　　　　焦春昱　北京农学院，中级工程师
　　　　熊　博　四川农业大学，讲师
　　　　苏雪强　安徽省农业科学院，助理研究员

第四章　我国科技事业发展脉络与演进规律

科技是大国之重器、强国之利刃，科技创新历来都在国家发展、人类进步中发挥着重要作用。新中国成立以来，中国共产党始终坚持马克思主义科技观，立足于我国国情，以科技规划为指引，以科技计划为支撑，以科技人才队伍为基石，以科技政策为保障，推动我国科技创新勇攀高峰，引领我国科技事业不断进步。

纵观我国科技事业发展历程，经历了"向科学进军"、"科学的春天"、"科教兴国"与"自主创新"、建设"创新型国家"和创新驱动发展、实现科技"自立自强"五大重要阶段，我国科技投入持续增长，科技人才队伍和研发机构不断壮大，科技创新体系逐渐系统，科技创新管理体系逐步完善，科技创新评价方式朝绩效导向发展，科学家越来越从"做科研项目"向着"做科技事业"转变。

但由于不同时期国家各类科技计划的产生均是根据当时国民经济发展和世界前沿科技应运而生，其设置和布局存在一定局限性和短期性，我国尚未形成一个有效的科技创新系统，科研与经济脱节的现象依旧没有彻底解决。这种现象在农业科技发展上更加明显，因为农业的科研主体是有生命的个体，且受生产周期长、地域差异大、企业规模小、农民群体弱等影响，导致农业科研创新存在一定封闭情况。

面对科技强国和农业强国目标，我国科技创新亟须突出问题导向、目标导向、场景导向和绩效导向，贯彻落实创新驱动发展战略，通过长期的系统布局、开放的协同创新，推动跨界融合，明确科技创新多元主体定位、主动融入全球创新网络、健全科技人才培养体系，促进产学研结合，最终提升科技创新能力，促进我国经济社会健康稳定发展。

一、我国科技事业发展脉络

我国科技事业发展从中华人民共和国初期至今，从新中国成立后吹响"向科学进军"的号角，改革开放初期"科学技术是第一生产力"，进入 21 世纪"不断完善国家创新体系、建设创新型国家"，到党的十八大以后提出"创新是第一动力"，全面实施创新驱动发展战略，正在一步步向世界科技强国迈进。

（一）新中国成立，吹响"向科学进军"的号角

新中国成立初期，我国现代科学技术几乎一片空白，恢复和发展经济对科技事业发展提出迫切要求。快速制定科技规划、加强科技管理和构建创新体系，是实现关键领域重大突破，有力支撑经济建设和国防安全的重要途径。

1. 快速构建科技创新体系，积淀科技事业发展的中坚力量

为加强我国科技创新体系建设，国家从四个层面强化部署：一是组建科技管理部门。国家成立国家科学技术委员会（简称"国家科委"），统筹科技发展，同时成立国防科学技术委员会（简称"国防科工委"，2008 年后改组为工信部），专门发展我的导弹和航空科技事业；各省（区、市）相继成立地方科学技术委员会，负责组织协调本地区科技力量，为本地区经济建设服务。二是优化科研机构。成立中国科学院，开展以新中国经济发展为目标的科研活动并负责自然科学和社会科学管理事务；根据"以培养工业建设人才和师资为重点，发展专门学院和专科学校，整顿和加强综合性大学"的政策方针，对全国高等院校及所属院系进行大规模调整。三是建设科技团体。成立中国科学社、中华自然科学社、中国科学工作者协会等一批学术团体，推动相关学科的学术交流。四是扩大科技人才队伍。在大力发展国民教育和科学技术为人民服务的政策指引下，科技工作者数量得到显著提升，据不完全统计，1949—1959年，科技工作者的数量增加了 10 倍。

2. 制定两大规划，擘画我国科学事业的发展轮廓

为改变我国在经济和文化上的落后状况，力争在第三个五年计划末期使国家最急需的科学技术能够接近世界先进水平，1956 年，中共中央按照"重点发展，迎头赶上"方针，集全国 400 多名科学家制定了《1956—1967 年科学技术发展远景规划》（简称《十二年科技规划》），从经济建设、国防安全、基础科学等 13 个方面凝练出 57 项重要科学技术任务、616 个中心问题，并提

出 12 项具有关键意义的重大任务。1963 年 6 月，按照"自力更生、迎头赶上"总方针，在《十二年科技规划》基础上制定《1963—1972 年科学技术发展规划》（简称《十年规划》），从重点项目规划、事业发展规划、农业、工业、资源调查、医药卫生等方面的专业规划、技术科学规划、基础科学规划，确定了重点研究试验项目 374 项、3 205 个中心问题、1.5 万个研究课题。各科研单位和广大科技人员在规划的指导下，在各个方向奋力开展研究工作，我国科技事业也呈现稳步发展的态势。

（二）开启改革开放，迎来"科学的春天"

党的十一届三中全会确定了"解放思想、实事求是、团结一致向前看"的指导方针，提出对外开放、重视科学和教育的政策。

1. 优化科技管理与创新体系，为科技事业腾飞蓄能造势

为重新激活科技发展动能，国家进一步优化科技管理体系：一是重组科技管理部门。党中央重新组建国家科委，成立了包含国家计委（2003 年与国家经贸委改组为国家发展改革委）、国家经委（1993 年重建为国家经贸委）、国家科委、国防科工委、中国科学院、教育部和劳动人事部（1988 年改组为人事部，2008 年改组为人力资源社会保障部）等多部门在内的国务院科技领导小组，强化对科技统筹。二是开展科学技术体制改革。《中共中央关于科学技术体制改革的决定》于 1985 年出台，揭开了全面科技体制改革的序幕。国家陆续推出了包括改革科技拨款制度、科研事业费管理办法、专业技术职务聘任制度、自然科学基金制度等一系列重大举措，促进科技与经济的结合，解放和发展科技生产力。三是恢复科研机构与团体。中国科学院下属科研机构得到优化和重建，各省（区、市）科协和所属学会相继恢复，到中国科协召开第二次全国代表大会时，全国性学会已达 53 个。1979 年，全国共有省、地（市）两级所属的独立科研机构 3 495 所。四是壮大科技人才队伍。截至 1978 年 6 月，全国共有科技人员 595 万人。其中，全民所有制单位从事科技工作的人员和工程技术人员 157 万人，农林技术人员 29 万人，科技研究人员 31 万人，教育人员 89 万人。五是编制科技发展规划。国家制定了《1978—1985 年全国科学技术发展规划纲要》《科学技术研究主要任务》和《技术科学规划》，提出"科学技术是第一生产力""四个现代化的关键在于科学技术现代化"的战略思想。

2. 实施国家科技计划，构筑新时期科技发展的战略框架

在科技体制改革的有力推动下，面向经济建设主战场，国家精心设计，统筹部署，围绕世界前沿技术发展，农业、工业等重点领域核心技术攻关，农业

农村乡镇企业发展等，先后设立了国家科技攻关计划、国家星火计划、国家高技术研究发展计划（又称"863"计划）、国家自然科学基金等一系列推动科技与经济发展的国家指令性科技计划，构筑了我国新时期科技发展的战略框架。

专栏 3-1　本时期的科技计划介绍

国家科技攻关计划。1982 年开始实施，是我国第一个国家科技计划。它是国家科技计划体系的主体，是我国国民经济和社会发展计划的重要组成部分，以促进产业技术升级和解决社会公益性重大技术问题为主攻方向，通过重大关键共性技术突破、引进技术创新、高新技术应用，为产业结构调整、社会可持续发展以及人民生活质量提高提供了技术支撑，造就了一大批能打硬仗、敢攀高峰的优秀科技人才，建设和完善了一大批科研设施，使我国整体科技水平有了较大提高。

国家星火计划。1986 年 1 月，中共中央和国务院批准国家科委组织实施，是第一个面向农村的指导性科技计划，按照大力推进农业和促进乡镇企业健康发展的方针，引导农村产业结构调整，推动科教兴农，带动地区经济发展。星火计划由政府组织引导，以政府、社区（乡镇）、企业（尤其是乡镇企业）、农户为主体，联合有关部门和社会各界共同参与，首创了国家、地方、企业共同集资的原则，改变了过去单纯依靠国家投资的做法。

国家自然科学基金。1986 年 2 月设立，是我国科技体制上的一项重大改革，对于推动我国科学事业发展、四个现代化建设具有重要作用。其任务是：根据国家发展科学技术方针、政策和规划，有效地运用科学基金，指导、协调和资助基础研究和部分应用研究工作，发现和培养人才，促进科学技术和经济、社会发展。

"863" 计划。1986 年设立，是我国改革开放以来推出的第一个以国家利益为目标的高技术发展计划，解决事关国家长远发展和国家安全的战略性、前沿性和前瞻性高技术问题，推动中国在高科技领域的创新和发展，提升中国在世界科技领域的地位。采用"军民结合，以民为主"的总方针，体现"瞄准前沿，积极跟踪"的思想，坚持"有限目标，重点突出"的原则，结合中国国情，具有中国特色，培养了一批新一代高水平科技人才。

（三）实施"科教兴国"与"自主创新"，推动科技事业快速发展

根据世界科技的发展潮流和我国现代化建设的需要，党中央于 1996 年 3 月第八届全国人民代表大会第四次会议的政府工作报告中明确提出实施科教兴国战略和可持续发展战略，对中国特色社会主义事业的跨世纪发展起到了强有力的推动作用。

1. 科技体制改革稳步推进，科技管理有序开展

为持续优化科技管理体系，国家逐步推动科技体制改革：一是管理政策改革。1992 年 8 月，国家科委和国家体改委联合发布了《关于分流人才、调整结构、进一步深化科技体制改革的若干意见》，尝试性地提出了"稳住一头，放开一片"的思路，制定了科学技术进步法、知识产权法律体系、技术合同法、促进科技成果转化法、农业技术推广法等系列科技法律法规。二是确立科技奖励体系。1999 年，国务院发布实施了《国家科学技术奖励条例》，科技部先后颁布实施了《国家科学技术奖励条例实施细则》《省、部级科学技术奖励管理办法》等。国家科技奖励体系正式确立，成为国家科技事业和科技制度的重要组成部分，对激励科技人员勇攀科技高峰、推动科技进步发挥了积极作用。三是增设管理机构。为加强党和国家对科技工作的宏观指导和统一管理，1996 年 2 月，中共中央办公厅、国务院办公厅颁发了《关于成立国家科技领导小组的通知》，全国大部分省（区、市）、部门都成立了科技领导小组，科技工作被列入地方党委和政府的主要议事日程，摆到了经济建设和社会发展的重要位置。四是有序编制科技规划。根据《中共中央　国务院关于加速科学技术进步的决定》和《国民经济和社会发展"九五"计划和到 2010 年远景目标纲要》的精神，国家编制了《全国科技发展"九五"计划和到 2010 年长期规划纲要》。2001 年，由国家计委、科技部正式发布《国民经济和社会发展第十个五年计划科技教育发展专项规划（科技发展规划）》，明确了科学技术发展目标和重点任务。

2. 加强科技平台建设，为科教兴国选拔杰出人才

为贯彻实施"科教兴国"战略，国家从教育机构、科研机构、创新平台等方面进行优化整合。一是启动"211"和"985"工程建设。经国务院批准，1995 年，国家计委、国家教委、财政部发布《"211 工程"总体建设规划》；1998 年，教育部决定在实施《面向 21 世纪教育振兴行动计划》中，创建世界一流大学和高水平学校，简称"985 工程"。二是改革科研机构。为推动技术开发类科研机构的企业化转制，1999 年，国家经贸委管理的 10 个国家局所属的 242 个科研机构按照新的管理体制运行。为加强基础性研究基地建设和改造，推动基础性研究所改革深化，要求社会公益类科研机构分不同情况实施改革，参与改革的机构共有 265 家。三是新建一批创新平台。1992 年初，国家科委批准的第一批"国家工程技术研究中心"正式启动，推动了科技成果的工程化和配套化，大大推进了技术开发和技术辐射工作。为了解决我国外文科技文献匮乏的问题，于 2000 年 6 月成立国家科技图书文献中心，满足了科技

人员对外文科技文献的需求。2002 年 2 月，科技部开始全面实施国家科学数据共享工程。四是建立人才制度和人才计划。为加大人才激励，开启院士制度，并设立了杰出青年科学基金、长江学者奖励计划，百人计划、百千万人才工程等人才计划，促进科技人才成长。

专栏 3-2　本时期的人才制度与人才计划

院士制度。1993 年，国务院第十一次常务会议决定，中国科学院学部委员改称中国科学院院士。1994 年 6 月召开了中国科学院第七次院士大会，会议修订通过了《中国科学院院士章程》，选举产生了首批中国科学院外籍院士 14 名。

杰出青年科学基金。1994 年，国务院设立"国家杰出青年科学基金"，支持在基础研究方面已取得突出成绩的青年学者自主选择研究方向开展创新研究，促进青年科学技术人才的成长，吸引海外人才，培养造就一批进入世界科学前沿的优秀学术带头人。

长江学者奖励计划。"长江学者奖励计划"是教育部与李嘉诚基金会为提高中国高等学校学术地位、振兴中国高等教育而共同筹资设立的专项计划。该计划包括实行特聘教授岗位制度和设立"嘉诚杰出创新人才奖"两项内容。1988 年"长江学者奖励计划"首批聘请了 73 位特聘教授。

百人计划。中国科学院"百人计划"是 1994 年中国科学院启动的一项高目标、高标准和高强度支持的人才引进与培养计划。通过该项计划的实施，每年根据学科发展的需要和条件的许可选拔 10~15 位，到 20 世纪末选拔 100 位左右的跨世纪学科带头人。

百千万人才工程。1994 年 7 月，人事部首先提出实施"百万人才工程"。其宗旨是到 2000 年，在对国民经济和社会发展影响重大的自然科学和社会科学领域，造就一批跨世纪的学术和技术带头人及后备人选；在实施过程中，坚持以培养而不是选拔为主的原则。

---

3. 加强基础研究，支撑科技"自主创新"快速发展

为进一步提升自主创新能力，国家不断加强基础研究和应用研究。一是持续加大国家自然科学基金支持力度。国家自然科学基金从 1986 年初创时只有 8 000 万元到 2001 年国家自然科学基金委员会运用国家投入的约 66 亿元科学基金，支持了 52 000 多个基础研究和应用基础研究项目。二是设立攀登计划。1992 年 3 月，全国科技工作会议正式批准实施《1992 年国家基础性研究重大项目计划》，亦称"攀登计划"，主要是针对国家科学技术、经济和社会发展而组织实施的国家基础性研究重大关键项目计划。三是启动"973"计划。1998 年 12 月，以国家重大需求为导向，对我国未来发展和科学技术进步具有战略性、前瞻性、全局性和带动性的基础研究发展计划正式开始实施。四是开

启国家重大科学工程项目。国家重大科学工程是指以基础研究和应用基础研究为主要目的、以国家投资为主建设的大型科研装置、设施或网络系统。"九五"期间共安排 50 多项直接与国家重大工程建设相配套的项目，对国家重大工程的顺利建设起到了关键作用。

（四）国家创新体系不断完善，开启"创新型国家"建设

进入 21 世纪，面对人类社会发展的新格局，科技创新担起驱动中国经济社会发展的新使命。2004 年 6 月，胡锦涛同志在中国科学院第十二次、中国工程院第七次院士大会上指出，"科学技术是经济社会发展的一个重要基础资源，是引领未来发展的主导力量。"强调要坚持走中国特色自主创新道路，把增强自主创新能力贯彻到现代化建设的各个方面。

1. 发布国家中长期科技发展规划纲要，为建设创新型国家奠定坚实基础

2005 年 12 月，国务院正式发布《国家中长期科学和技术发展规划纲要（2006—2020 年）》。该规划纲要提出 2006—2020 年中国科技工作要遵循"自主创新、重点跨越、支撑发展、引领未来"的指导方针。为全面实施以该规划纲要为主要内容的科技发展战略，2006 年 2 月 7 日，国务院发布了《实施〈国家中长期科学和技术发展规划纲要（2006—2020 年）〉的若干配套政策》，围绕科技投入、税收激励、金融支持、政府采购、引进消化吸收再创新、创造和保护知识产权、科技人才队伍建设、教育与科普、科技创新基地与平台、统筹协调等 10 个方面提出了 60 条相关政策。为切实落实《规划纲要》确定的近期目标、任务和举措，科技部分别于 2006 年和 2011 年分别发布了《国家"十一五"科学技术发展规划》《国家"十二五"科学技术发展规划》，明确了 2006—2015 年科学技术事业发展的指导方针、发展目标、主要任务和重大措施等。

2. 实施知识产权战略，强化知识产权保护

2005 年 1 月，国务院成立了国家知识产权战略制定工作领导小组，启动了知识产权战略的制定工作，国家知识产权局、国家工商行政管理总局（2018 年改组为国家市场监督管理总局）、国家版权局、发展改革委科技部等 33 家中央单位共同推进战略制定工作。2007 年 10 月，党的十七大报告明确提出要"实施知识产权战略"。2008 年 4 月，国务院常务会议审议并通过了《国家知识产权战略纲要》。该纲要明确了专利、商标、版权、商业秘密、植物新品种、特定领域知识产权、国防知识产权等专项任务，并提出了 9 项战略

措施。

各地区积极贯彻落实《国家知识产权战略纲要》，结合地方实际，制定和实施地方知识产权战略或实施意见，辽宁、上海、江苏、山东等省（市）出台了地方知识产权战略纲要；北京、重庆分别出台了《关于实施首都知识产权战略的意见》和《关于创建知识产权保护模范城市的意见》；河北、云南、青海3省分别出台了贯彻国家知识产权战略的实施意见；厦门、青岛、深圳、沈阳等城市也出台了城市知识产权战略或实施意见。

3. 持续完善科技创新体系，为建设创新型国家保驾护航

进一步加大国家创新体系建设，一是鼓励企业参与科技创新。从2006年起，科技部与发改委、财政部、海关总署、税务总局共同开展国家认定企业技术中心工作，截至2012年，共认定887个国家级企业技术中心，企业技术创新能力持续提升。二是持续加强创新平台建设。截至2012年底，我国拥有正在运行的试点国家实验室6个，依托院校建设的国家重点实验室260个，企业国家重点实验室99个，省部共建国家重点实验室培育基地105个，国家工程技术研究中心327个，国家工程研究中心130个，国家工程实验室126个等，为科技创新积淀战略力量。三是加强科技基础条件资源共享平台建设。2005年，科技部、财政部启动"国家科技基础条件平台建设专项"，"十一五"期间启动42个平台建设项目；2011年，科技部、财政部认定国家材料环境腐蚀野外科学观测研究平台、国家大型科学仪器中心、标本资源共享平台等23个国家科技基础条件平台，积累了大量基础数据。四是设立新的人才计划。2012年8月，中央组织部、中央宣传部、人力资源社会保障部、教育部、科技部等11个部门联合启动了"国家高层次人才特殊支持计划"。2012年3月，教育部启动实施新的"长江学者奖励计划"，为国家培养和选拔优秀人才，激励人才成长。五是优化和启动新的科技计划。为进一步完善、调整并聚焦重点，我国启动一批国家科技重大专项，据不完全统计，"十一五"期间，国家科技重大专项在电子与信息、能源与环保、生物与医药、先进制造等关键领域部署各类课题3 000多个。2006年7月，在原国家科技攻关计划的基础上设立国家科技支撑计划，进一步加大对重大公益技术研发的支持力度，以公益技术及产业关键技术研究开发与应用为重点，全面提升科技对经济社会发展的支撑能力。

（五）实施创新驱动发展战略，实现科技"自立自强"

改革开放以来，我国科技创新的整体能力显著提升，科技创新格局发生历史性转变，科技发展水平从以跟跑为主步入跟跑和并跑、领跑并存的历史新阶

段，这是近代以来未曾有过的重大改变，表明我国科技发展站上全新的历史起点。党的十八大以来，以习近平同志为核心的党中央把科技创新作为提高社会生产力和综合国力的战略支撑，摆在国家发展全局的核心位置，深入实施创新驱动发展战略，加速推动我国从科技大国向科技强国迈进。

1. 开展国家创新顶层谋划，开启世界科技强国建设新征程

以习近平同志为核心的党中央确立以创新为首的新发展理念，鲜明提出"创新是引领发展的第一动力"的重大论断，提出实施创新驱动发展战略。2016年5月，党中央、国务院正式发布《国家创新驱动发展战略纲要》。纲要明确提出"三步走"战略目标。第一步是到2020年进入创新型国家行列，基本建成中国特色国家创新体系，有力支撑全面建成小康社会目标的实现；第二步是到2030年跻身创新型国家前列，发展驱动力实现根本转换，经济社会发展水平和国际竞争力大幅提升，为建成经济强国和共同富裕社会奠定坚实基础；第三步是到2050年建成世界科技创新强国，成为世界主要科学中心和创新高地，为我国建成富强民主文明和谐的社会主义现代化国家、实现中华民族伟大复兴的中国梦提供强大支撑。

2. 全面深化科技体制改革，创新发展活力不断增强

党的十八届三中全会提出深化科技体制改革的总体思路和要求，科技体制改革坚持问题导向，以政府职能转变引领体制机制创新，取得显著成效。

加强科技计划统筹协调。为解决现有各类科技计划（专项、基金等）重复、分散、封闭、低效，以及多头申报项目、资源配置"碎片化"等问题，整合优化形成包括国家自然科学基金、国家科技重大专项、国家重点研发计划、技术创新引导专项、基地和人才专项等新五类计划。不断加强科技与经济在规划、政策等方面的相互衔接，实现"全链条设计、一体化实施"。改进中央财政资金支持方式，发挥好市场配置技术创新资源的决定性作用和企业的技术创新主体作用，突出成果导向，以税收优惠、政府采购等普惠性政策和引导性为主的方式支持企业技术创新活动和成果转化。

优化管理机构职能转变。政府部门简政放权，主要负责科技发展战略、规划、政策、布局、评估、监管，对中央财政各类科技计划（专项、基金等）实行统一管理，并建立统一的评估监管体系，加强事中、事后的监督检查和责任倒查。将中国农村技术开发中心、中国生物技术发展中心等7家具备条件的科研管理类事业单位改造成规范化的项目管理专业机构，由专业机构通过统一的国家科技管理信息系统受理各方面提出的项目申请，组织项目评审、立项、过程管理和结题验收等，对实现任务目标负责。

创立新型研发机构。随着创新要素跨区域、跨行业加快流动，新一轮科技革命和产业变革进程不断加速，长三角和京津冀等创新活跃地区涌现出众多新型研发组织，在组建运行、服务创新和机制创新等方面积极探索，得到了多方面的政策支持，为各地依靠科技创新转变经济发展方式、培育经济发展新动能提供了有力支撑。

加强创新平台重组。党的十八届五中全会强调，要在重大创新领域组建一批国家实验室，2018 年 12 月中央经济工作会议明确提出重组国家重点实验室体系，截至 2018 年底，我国共有各类国家重点实验室 501 个。同时，不断加大重大科研基础设施建设，高等院校和科研院所陆续建成具有一定规模的国家重大科研基础设施，覆盖了物理学、地球科学、生物学、材料科学、信息科学、力学和水利工程等 20 多个一级学科，支撑科技发展。建设了一批国家野外科学观测研究站，主要服务于生态学、地学、农学、环境科学、材料科学等领域，现已在 4 个大领域建设了 106 个国家野外站，通过长期野外定位监测，获取共享数据，支撑开展高水平科学研究工作。

加强科技人才改革。为进一步优化科研管理和提升科研绩效，切实精减人才"帽子"，破除"四唯"，激发科技人才潜能，弘扬科学家精神，国家从科技人才评价制度、完善科技人才激励机制、完善院士制度、增设人才计划和激励科技人才创新创业等方面进行了改革。实行以增加知识价值为导向的收入分配制度，提出发挥市场机制的作用，使科研人员的收入与岗位责任、工作业绩和实际贡献紧密联系。在"大众创业、万众创新"政策的推动下，科技人才创新创业实现了"从局部到整体""从现象到机制"的跨越，科技人才创业创新热潮持续升温，双创平台数量快速增长。2015 年，中国科学院为贯彻落实习近平总书记提出的"四个率先"要求，启动实施率先行动"百人计划"，设置学术帅才、技术英才和青年俊才三个项目，坚持引进和培养人才有机结合，努力建设国家创新人才高地。

强化绩效导向和成果管理。为提升科研绩效，国家科技计划建立了目标明确和绩效导向的管理制度，对科技计划（专项、基金等）的绩效评估委托第三方机构开展，评估结果将作为中央财政予以支持的重要依据。项目实施中强化分类评价和成果管理，明确提出严把验收和审查质量，根据不同类型项目，采取同行评议、第三方评估、用户测评等方式加强绩效评价，并进一步加强成果管理工作，强化科技报告制度和数据汇交制度，推动成果转化应用。同时建立动态调整机制，国务院科技行政主管部门、财政部门要根据绩效评估和监督检查结果及相关部门的建议，提出科技计划（专项、基金等）动态调整意见。

专栏3-3　新五类科技计划

国家自然科学基金。资助基础研究和科学前沿探索，支持人才和团队建设，增强源头创新能力。资助项目包括面上项目、重点项目、重大项目等18种项目类型。

国家科技重大专项。聚焦国家重大战略产品和重大产业化目标，发挥举国体制的优势，集中力量办大事，在设定时限内进行集成式协同攻关。

国家重点研发计划。针对事关国计民生的农业、能源资源、生态环境、健康等领域中需要长期演进的重大社会公益性研究，以及事关产业核心竞争力、整体自主创新能力和国家安全的战略性、基础性、前瞻性重大科学问题、重大共性关键技术和产品、重大国际科技合作，按照重点专项组织实施，加强跨部门、跨行业、跨区域研发布局和协同创新，为国民经济和社会发展主要领域提供持续性的支撑和引领。

技术创新引导专项（基金）。通过风险补偿、后补助、创投引导等方式发挥财政资金的杠杆作用，运用市场机制引导和支持技术创新活动，促进科技成果转移转化和资本化、产业化。

基地和人才专项。优化布局，支持科技创新基地建设和能力提升，促进科技资源开放共享，支持创新人才和优秀团队的科研工作，提高我国科技创新的条件保障能力。

二、我国重大农业科技计划实施特点

农业是国民经济发展的基础，是国家战略的重中之重。国家重大农业科技计划实施，有力解决了"三农"科技创新的重大需求和短板，推进农业科技创新紧跟和赶超世界前沿，支撑现代农业高质量发展。从"六五"开始，以攻关计划、"863"计划、"973"计划、国家重点研发计划等为代表的重大科技计划设置，使我国科技计划体系不断完善，根据国家不同时期国民经济发展战略需求和面向世界前沿的要求，从基础研究、前沿技术研究、关键核心技术攻关、成果转化应用和聚焦重点领域全产业链发展等功能定位上逐渐形成系统布局态势，在项目组织实施管理方式上各具特色。

（一）攻关计划以攻克关键技术为突破点，助力国民经济建设和社会可持续发展

攻关计划始终坚持面向经济建设主战场，从国民经济建设和社会可持续发

展的重大需求出发，通过重大关键共性技术突破、引进技术创新、高新技术应用，为产业结构调整、社会可持续发展以及人民生活质量提高提供技术支撑。

1. 主攻方向和主要成效

攻关计划重点攻克农业、电子信息、能源、交通、材料、资源勘探、环境保护、医疗卫生等领域促进产业技术升级和解决社会公益性重大技术问题，据不完全统计，从"六五"计划至"十五"计划的 20 年中，国家直接投入 176.1 亿元，立项 747 项（图 4-1），带动地方实现累计投入 751.74 亿元。

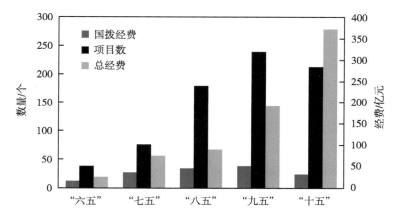

图 4-1　"六五"计划至"十五"计划期间立项项目数量和经费情况

攻关计划农业领域强化布局了粮、棉、油等主要农作物品种选育，农畜育种技术及繁育体系构建，饲料蛋白开发，食品储藏、保鲜及加工等重要关键技术研发。在"十五"期间，还部署了农产品深加工技术与设备的研究与开发、奶业重大关键技术研究与产业化技术集成示范等重大专项，为保证粮、棉、油、肉、蛋、鱼、奶等主要农产品的有效供给、提高农民收入、改善农业环境和促进农村经济稳步发展提供有力的技术支撑，使我国农业科技总体水平与国际先进水平差距缩短 5 年，部分领域研究达到国际先进水平。

2. 管理特点

从"六五"至"十五"期间，攻关计划不断优化项目管理机制，推进项目高效实施。典型特点：一是强化国务院各有关部门的组织协调和直接领导，减少管理层次，实行分类管理。其中重大项目设立项目管理小组和专家咨询组，统一规划，总体设计，分项实施；二是推行招投标制度，面向社会招标，采取公开、公正、公平的竞争手段择优选择课题承担单位，优化科技资源配置，提高科技经费的使用效率；三是管理趋于制度化和规范化，自"九五"

计划开始，先后制定《"九五"科技攻关计划管理实施细则》《科技三项费用管理办法》《"九五"国家科技攻关任务招标投标暂行管理办法》《国家科技攻关计划管理办法》等系列管理文件，并引入监督机制，规范项目立项、经费使用等项目组织管理。

（二）支撑计划瞄准重大科技问题，推动国民经济和社会加速发展

支撑计划在原攻关计划基础上设立，以贯彻落实《国家中长期科学和技术发展规划纲要（2006—2020年）》为总目标，主要面向国民经济和社会发展需求，重点解决经济社会发展中的重大科技难题，集全国优势科技资源进行统筹部署，坚持自主创新，突破关键技术，加强技术集成应用和产业化示范，协同攻克战略性、综合性、跨行业、跨地区的重大科技瓶颈，培养和造就一批高水平的科技创新人才和团队，培育和形成一批具有国际水平的技术创新基地，为加快推进经济结构调整、发展方式转变和民生改善提供强有力的科技支撑。

1. 主攻方向和主要成效

支撑计划农业领域将增强农业科技的自主创新能力作为调整农业产业结构、转变农业经济增长方式的中心环节，把加快农业从粗放经营向集约经营的转变、增加粮食产量、提高农产品质量、提高农产品生产效益放在突出位置，通过高新技术带动传统农业技术升级，为农业增产、农民增收和农村繁荣注入强劲动力。据统计，"十一五"和"十二五"期间，农业农村领域累计立项支持308个项目，国拨经费超过119亿元。

支撑计划在农业新产品（新品种）、新材料、新工艺、新装置、新技术等方面取得成效显著。据2010—2015年数据统计，我国主要农作物良种基本实现全覆盖，全国粮食作物平均单产由2010年的每亩（1亩约合667米^2）331.7千克增长到2015年的365.5千克，全国主要农作物耕种收综合机械化水平由2010年的52.3%提高到2015年的63%，农业科技进步贡献率由2010年的52%提高到2015年的56%以上。

2. 管理特点

支撑计划积极创新管理机制，建立科学高效的管理体系，在组织实施和管理上表现出如下特点：一是突出需求牵引。重点支持对国家和区域经济社会发展以及国家安全具有重大战略意义的关键技术、共性技术、公益技术的研究开发与应用示范。二是突出企业技术创新主体地位。鼓励企业、高等院校和研究

机构之间的合作创新，优先支持产学研联合的项目，把是否能形成产学研联合作为项目立项的评价指标之一。三是突出统筹协调和联合推进。充分发挥涉农部门、行业、地方科技部门、企业、专家和科技服务机构等各方作用，实行整体协调、资源集成、平等协作、联合推进的机制，以项目带动人才、基地建设。四是明确权责。实行各方权责明确、各负其责，决策、咨询、实施、监督相互独立、相互制约的管理机制。五是发挥专家咨询作用。建立项目专家委员会，加强对重大战略问题和重大项目的决策咨询。六是加强评估、监督与绩效考核。加强项目中期评估和过程监督，中期评估为滚动实施的重要依据。七是简化管理程序。实行网上"一站式"申报，立项和验收信息实行公告、公示制度，促进计划成果信息的公开和共享（图4-2）。

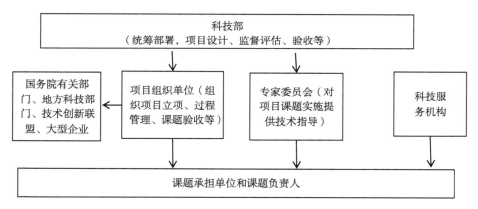

图4-2 国家科技支撑计划组织管理框架

（三）重大专项紧扣重中之重问题，促进国家综合国力持续提升

国家科技重大专项是围绕实现国家目标，根据我国经济社会发展的重大需求、科技发展现状以及国情国力现状，经过较为系统的前期研究筛选并设立，通过核心技术突破和资源集成，在一定时限内完成的重大战略产品、关键共性技术和重大工程等。

1. 主攻方向和主要成效

《国家中长期科学和技术发展规划纲要（2006—2020年）》确定了核高基、集成电路装备、宽带移动通信、数控机床、油气开发、大型核电站、水体污染治理、转基因等16个重大专项。其中，"转基因生物新品种培育"科技重大专项是农业领域唯一一个重大专项，国家投入资金200多亿元。2008年，"转基因生物新品种培育"科技重大专项启动，经多年攻关取得一批重大成果，例如培育出转基因抗虫水稻、高植酸酶玉米，并获得生产应用安全证书，具备了产业化条件，研究水平居国际领先。专项实施推动了我国农业转基因研发应用从局部创新到自主基因、自主技术、自主品种的整体跨越，增强农业科技自主创新能力，提升我国生物育种水平，促进农业增效和农民增收，提高我国农业国际竞争力。

2. 管理特点

重大专项管理在发挥政府、市场、社会力量方面开展了系列探索（图4-3）。一是充分发挥政府的统筹协调作用。国务院、国家科教领导小组分别负责重大专项的领导和统筹，保证专项实施过程中总体目标的一致性，科技主管部门、行业主管部门、财政主管部门三方协同推动重大专项组织实施管理。二是采取行政路线和技术路线并重的管理方式。在总体领导小组和国家三部门的统一领导下，各重大专项设立领导小组，并明确牵头组织单位，负责重大专项的行政管理；同时，各重大专项组建总体组，明确由本专项领域的战略科学家和领军人物担任的技术总师、副总师，负责重大专项的技术管理。三是采用法人责任制。按照"专项、项目、课题"的层次，明确法人单位是项目（课题）实施的责任主体。四是引入了市场化机制，推动企业参与任务和项目的实施，一定程度上体现了国家创新系统下的产学研协同。

（四）"863"计划以前沿高技术问题为重点，促进国家综合国力提升和科技发展

"863"计划主要支持《高技术研究发展计划纲要》提出的前沿技术和部分重点领域中的重大任务，解决事关国家长远发展和国家安全的战略性、前沿性和前瞻性高技术问题，发展具有自主知识产权的高技术，统筹高技术的集成和应用，引领未来新兴产业发展的计划，推动中国在高科技领域的创新和发展，提升中国在世界科技领域的地位。

1. 主攻方向和主要成效

"863"计划项目分为主题项目和重大项目。其中主题项目以抢占战略制高点为导向，攻克前沿核心技术、获取自主知识产权为目标；重大项目以培育战略性新兴产业生长点为导向，攻克关键共性技术、形成原型样机（品）、技术系统或示范系统为目标。以"十一五"和"十二五"期间"863"计划农业领域项目为例，设立了农业生物功能基因、动植物分子育种、数字农业、农业智能化装备、现代食品生物工程和农业生物药物等研究主题，国拨经费累计52.5亿元。

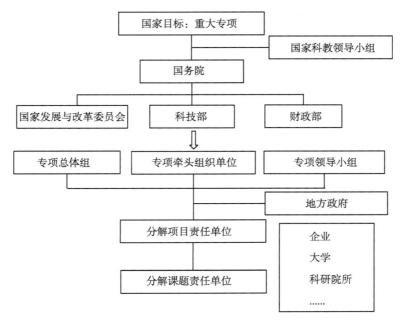

图4-3　国家科技重大专项（民口）组织框架

"863"计划农业领域在技术创新、新品种培育、新产品/装备创制、人才培养、基地建设和企业培育等方面取得了一系列重要进展，攻克了水稻杂交育种技术、转基因抗虫棉技术等一批前沿核心技术，创制了一批具有巨大市场应用价值的品种和产品，例如，2000年和2004年实现了超级杂交稻研究计划第一期10.5吨/公顷和第二期12.0吨/公顷的产量指标，大幅度提升了我国农业高技术的自主创新能力与国际竞争力，为提高我国农业整体效益和资源利用率，实现农业的可持续发展，保障国家粮食安全、生态安全和食品安全提供了较好的高技术保障。

2. 管理特点

"863"计划是改革开放时期国家的重大科技计划，其管理运行机制具有科技体制改革的显著特征。1992年国家科委颁布《国家高技术研究发展计划管理办法》，作为该计划的重要管理政策依据。其主要特点为，一是政府主导着科技任务的组织，承担着科技任务的投入、协调和决策，并参与科技任务的提出和管理。二是由跨部门、有优势的研究单位联合组成领域的研究团队，由不同单位的优秀科学家组成专家组，负责领域（或主题）的实施，把国家主管部门的战略决策、专家组的技术和管理决策与行政单位的支持保障相结合。

三是把市场经济条件下的竞争机制和国家战略目标指引下的协作机制相结合，把自主创新与开放交流相结合，提高了项目实施的科学性和工作效率（图4-4）。

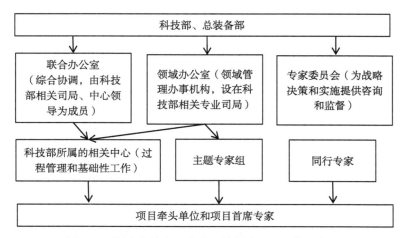

图4-4　国家高技术研究发展计划主题项目管理框架

（五）"973"计划以基础问题为发力点，不断提高我国基础研究的整体水平

"973"计划坚持"面向战略需求，聚焦科学目标，造就将帅人才，攀登科学高峰，实现重点突破，服务长远发展"的指导思想，旨在解决国家战略需求中的重大科学问题，以及对人类认识世界将会起到重要作用的科学前沿问题，以实现我国经济、科技和社会发展为宏伟目标，提高科技持续创新能力，迎接未来挑战。

1. 主攻方向和主要成效

"973"计划在农业领域、能源领域、信息领域、资源环境、人口健康、材料领域、综合交叉、科学前沿等均有研究部署。据不完全统计，"十五"和"十一五"期间，"973"计划项目中央财政投入经费累计155亿元。其中，农业领域主要瞄准世界农业科学研究发展前沿，紧紧围绕我国农业发展的农业动植物功能基因组与分子改良、农业资源利用效率提高、农业生态安全保护等重大科学问题开展攻关研究。

通过"973"计划支持，在国际上首次构建了以5%的样本代表85%以上遗传多样性的水稻、小麦、大豆核心种质库，为深化我国种质资源研究和作物育种奠定了重要基础，克隆的与水稻分蘖形成有关的重要基因 *MOC*1，是在植物形态建成特别是侧枝形成领域中最重要的发现之一。这些基础研究成果显著提升了我国农业基础研究的创新能力和服务于国家需求的能力，在实现农业增产的同时，为调整农业结构、提高农业效益、增强国际竞争能力、改善农业生态环境提供科学支撑，为确保我国国民经济的基础产业稳步增长作出贡献。一批原始性创新成果在国际学术界产生重要影响，许多研究成果已在国家其他科技计划和行业发展规划中发挥重要作用，部分研究成果已取得重大成效，彰显了科技对我国经济、社会发展的引领作用。

2. 管理特点

"973" 计划遵循科学发展规律，借鉴国内外重大项目组织管理模式，探索出具有中国特色的基础研究重大项目组织实施和管理模式。主要特点表现为，一是探索了联合多部门行业共同推进计划发展的组织模式，由科技部主导，会同国家自然科学基金委员会及各有关主管部门共同组织实施；二是建立了专家咨询与政府决策相结合的科学决策模式，科技部成立专家顾问组，实行首席科学家领导下的项目专家组负责制，实现了项目管理与经费管理有机结合的科学管理模式；三是建立了 "2+3" 的项目管理模式，完善了符合科学发展规律的重大基础研究项目评价模式（图4-5）。

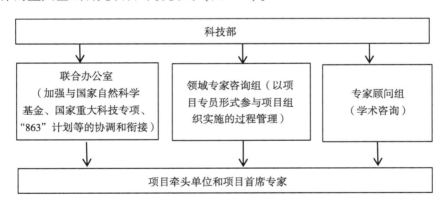

图4-5　国家重点基础研究发展计划项目管理框架

（六）星火计划以科技振兴农村经济为目标，指导地方经济迅猛发展

星火计划是党中央、国务院批准实施的第一个面向农村的指导性科技计划，紧紧围绕科技促进农业产业结构调整和农民增收两条主线实施，引导农村

产业结构调整，推动科教兴农，促进农村经济增长方式由粗放型向集约型转变，带动地区经济发展。

1. 主攻方向和主要成效

星火计划主要支持中小企业特别是乡镇企业有示范和推广意义的、科技与经济紧密结合的"短、平、快"项目，以提高中小企业、乡镇企业和农村建设的科学技术水平。据统计，星火计划实施20年，国家和地方、企业等共投入经费累计超过5 376亿元，支持逾12万个项目。

星火计划有效推进了农业农村科技进步和产业发展，将大批先进适用技术引入广大农村，促进农业科技进步和农村经济增长方式转变，建设了一批星火技术密集区和星火产业带，带动区域性支柱产业的形成，促进了区域城乡统筹协调发展，推动新型农村科技服务体系建设，探索构筑了科技服务"三农"的有效机制和模式，推动老区和贫困地区农民依靠科技脱贫致富。

2. 管理特点

星火计划由原国家科委负责组织各地方落实和具体实施。典型特点是强化各级政府分级管理，依托项目平台，带动区域经济发展。一是国家科委设置星火计划办公室作为全国星火计划的归口管理部门，负责制定方针、政策、规划和项目编制，协调全国星火计划的实施；二是各省、地、县分别设置星火计划管理机构，负责本地区星火计划的组织与管理；三是强化产学研联动，聚焦区域特色产业，吸引大批科技人员走出实验室，走向企业和农田，带动数以万计的乡镇企业参与星火计划实施，成为星火技术开发和投入的主体，通过转化、示范和推广一批农村先进适用技术，培育和扶持一批区域特色优势产业和产业集群。

（七）农业科技成果转化资金以推动成果快速转化为目标，强化现代农业发展和社会主义新农村建设

农业科技成果转化资金是中央财政为加速农业、林业、水利等科技成果转化进入生产前期开发、中试、熟化，提高国家农业科技创新能力，经国务院批准设立的专项引导资金，在党中央、国务院的高度重视和财政部等有关部门及地方政府的大力支持下，始终与国家战略需求和农业、农村科技工作目标紧密结合，支持了一大批具有自主知识产权、技术水平高、产业化前景好、成长潜力大的农业科技项目，促进了一大批农业科技成果的有效转化，充分发挥了科技对农业、农村经济发展的支撑和引领作用。

1. 主攻方向和主要成效

农业科技成果转化资金项目以保障国家粮食安全、食物安全和生态安全，促进农民持续增收，农业持续增效，提高农业综合生产能力，加快农村经济社会全面发展为主攻方向，重点支持了农林植物优良新品种与优质高效安全生产，畜禽水产优良新品种与健康养殖，重大农林植物灾害与动物疫病防控，农产品精深加工与现代储运，循环农业开发与绿色社区，农林生态保育、恢复和治理与现代林业，现代农业装备与信息化，农业生物技术及产品等8个领域的项目。2001—2014年中央财政累计投入51.5亿元，共立项7 700多项。

农业科技成果转化资金项目通过政府引导，地方主导，科研人员和企业家产学研联动，加快了我国农业科技成果的转化应用速度，大大提高了科技成果转化效率，有效熟化了农业科技成果，保障了粮食安全和主要农产品供应，促进了相关产业的发展；促进科技要素进入农业农村经济建设主战场，发挥了科技对农业农村经济发展的决定性作用；提升了农业企业创新主体的地位，促进了农业产业结构优化升级；提高了农民科技素质和劳动技能，培养了新型农业产业工人；提升了国家财政资金的调控引导能力，建立了多元化的农业科技成果转化投入机制，推动了乡村振兴。

2. 管理特点

农业科技成果转化资金在加速成果转化落地中发挥了重要作用，典型实施特点：一是坚持以市场配置资源为导向，不断优化项目的支持重点和方式。始终瞄准国家发展对农业科技的战略需求或紧迫需要，紧跟国际农业形势发展，促进农业和农村经济结构战略性调整。二是坚持政府决策与专家咨询相结合、决策监督与管理实施相对分离和相互监督制约的动态管理机制。三是坚持政府宏观引导，企业为主，产学研结合的转化模式。构建稳固的产学研协作转化网络体系，形成了科技创新、成果转化、开发创收的良性循环机制，进一步加强我国涉农企业作为农业科技成果转化主体的功能。四是坚持按产业、区域、技术来源和单位类型布局的项目资金分配机制。推进属地化管理，加大地方和部门在项目推荐中的自主权，促进转化资金更好地服务于农村生产力发展、农民生活改善、城镇化建设、生态环境保护与能源发展和节约。

（八）国家重点研发计划以全产业链科技创新布局为着力点，支撑引领重点领域发展

根据国务院《关于深化中央财政科技计划（专项、资金等）管理改革方案》的全面部署，国家重点研发计划在优化整合科技部管理的"973"计划、

"863"计划、国家科技支撑计划、国际科技合作与交流专项，以及国家发展改革委、工信部管理的产业技术研究与开发资金，有关部门管理的公益性行业科研专项等基础上设置而成。重点资助事关国计民生的农业、能源资源、生态环境、健康等领域中需要长期演进的重大社会公益性研究，事关产业核心竞争力、整体自主创新能力和国家安全的战略性、基础性、前瞻性重大科学问题、重大共性关键技术和产品、重大国际科技合作等，加强跨部门、跨行业，跨区域研发布局和协同创新，为国民经济和社会发展主要领域提供持续性的支撑和引领。

1. 主攻方向和主要成效

"十三五"和"十四五"期间，农业农村领域围绕保障国家粮食安全和农产品有效供给、食品安全、绿色发展和推动乡村振兴主战场，重点聚焦生物种业、作物优质高效生产、耕地质量提升、智能农机装备、食品加工、蓝色粮仓、林业种质资源与质量提升等重点方向，启动重点专项 26 个，累计投入中央财政经费 300 多亿元。

"十三五"期间，中国农村技术开发中心作为牵头承担农业农村领域重点专项任务的专业机构，组织"七大农作物育种"等重点专项围绕实施方案目标扎实推进，在保障国家粮食安全、基础研究揭示重大机理机制、共性关键技术研发驱动产业发展等方面取得显著成效，主要农作物新品种对增产的贡献率平均达到 54.9%，农作物综合机械化率 2019 年达到 70%，农业科技进步贡献率超 60%，有力支撑农业科技创新和乡村振兴战略实施，让中国人的饭碗端得更牢。

2. 管理特点

国家重点研发计划按照重点专项、项目分层次管理，重点专项是国家重点研发计划组织实施的载体，聚焦国家重大战略任务和需求，以目标为导向，从基础前沿、重大共性关键技术到应用示范进行全链条创新设计、一体化组织实施（图 4-6）。主要具备以下三个典型特点。

一是初步形成"一个制度、三根支柱、一套系统"的管理体系。"一个制度"指建立国家科技计划（专项、基金等）管理部际联席会制度，简称"部际联席会议制度"，负责审议国家重点研发计划的总体任务布局、重点专项设置、专业机构遴选择优等重大事项；"三根支柱"是指"战略咨询与综合评审委员会（简称"咨评委"）""专业机构"和"监督评估和动态调整机制"。咨评委主要对国家重点研发计划的总体任务布局、重点专项设置及其任务分解等提出咨询意见，为联席会议提供决策参考；专业机构作为重点专项任务目标

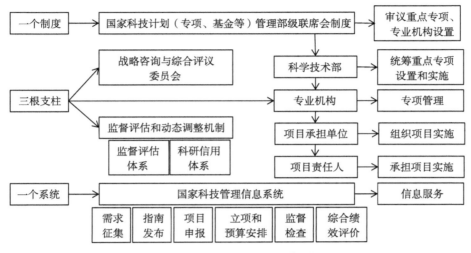

图 4-6 国家重点研发计划管理框架

完成的执行单位，强化对重点专项从指南发布、项目立项、过程管理到最终综合绩效评价全流程的规范化、专业化管理，推动项目科研绩效产出和成果转化；监督评估和动态调整机制主要是同步推进监督评估体系和科研信用体系建设。"一套系统"是指国家科技管理信息系统，通过统一的信息系统，对中央财政科技计划（专项、基金等）的需求征集、指南发布、项目申报、立项和预算安排、监督检查、结题验收等全过程进行信息管理，接受公众监督，已结题的项目纳入国际科技报告系统。

二是强化重点专项"全链条设计、一体化实施"。重点专项的整体设置是聚焦重点领域重大科技需求，围绕产业链部署创新链，围绕创新链完善资金链，统筹基础研究、应用开发、成果转化、产业发展等各环节，加强重点专项下设项目间、课题间系统联动，实现创新要素的有效对接，推动标志性成果产出，推动成果和科研人员重心下移，实现科技主动服务于经济发展。

三是强化项目法人单位责任。严格要求承担项目牵头实施的法人单位认真履行法人责任，严格执行国家重点研发计划各项管理规定，建立健全科研、财务、诚信等内部管理制度，落实国家激励科研人员的政策措施；按要求编报项目执行情况报告、信息报表、科技报告等；及时报告项目执行中出现的重大事项，按程序报批需要调整的事项；接受指导、检查并配合做好监督、评估和验收等工作；推动成果转化应用。

三、科技创新演进规律及启示

纵观我国科技事业的发展进程和不同时期国家重大科技计划的部署及组织实施特点，我国科技创新始终如一地围绕国家战略和科技强国使命，强化顶层设计和完善创新体系建设，围绕问题导向、目标导向、用户需求导向和应用场景导向，开展跨领域、跨学科的有组织科研，通过举国体制推进科技事业发展，实现科技强国目标。

（一）科技创新演进规律

1. 科技投入持续增长，成为科技创新的主要基石

新中国成立初期，我国科技研发投入严重不足，随着国家经济建设发展和综合实力不断加强，科技创新投入大幅增长，至 2022 年国家财政经费达到 11 128.4 亿元，较新中国成立初期增长了上万倍（图4-7）。近30 年科学研究与试验发展（R&D）经费投入和投入强度，均为翻倍增长状态。我国 R&D 投入经费由 74.0 亿元（1987 年）增长到 30 782.9 亿元（2022 年），R&D 经费投入强度由占国民经济总产值的 0.61% 提高到 2.54%（2022 年）（图4-8），随着科技投入的不断增加，科技成果不断涌现。

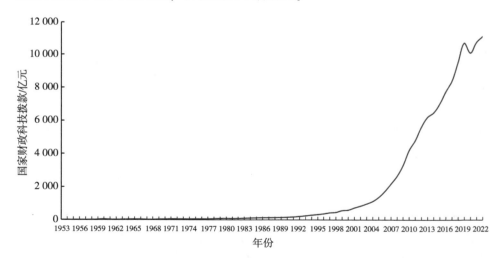

图 4-7 国家财政科技拨款情况

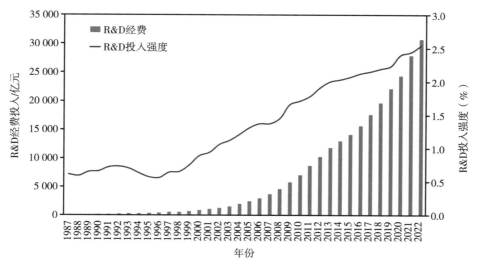

图 4-8　国家科学研究与试验发展（R&D）经费投入情况

2. 创新机构和人才队伍不断壮大，成为科技创新的重要战略力量

新中国成立时，全国科技人员不超过 5 万人，其中专门从事科研工作的人员仅 600 余人，专门科学研究机构仅有 30 多个。随着国家经济发展对科技创新需求，科研院所、大专院校和人才队伍建设快速崛起。截至 2021 年，研究与开发机构达到 2 962 家，R&D 人员达到 571.7 万人（图 4-9），强化国家重点实验室、国家野外科学观测研究站建设，激励科技人才创新创业，实现了创新、创业、就业的有机结合与良性循环，为我国科技创新储备了重要战略力量。

3. 科技创新布局系统化发展，成为科技创新工作的指引

党中央高度重视国家科技创新体系建设，从向科学进军到科技自立自强，围绕国家战略需求，不断强化顶层设计，优化创新布局。从新中国成立到现在先后制定的系列科技发展规划，不论是五年规划还是中长期规划，均为科技创新明确了方向，成为指导国家科技创新的方针。同时不断设置和优化的各类主体科技计划，推动了科技创新和支撑引领产业发展。以基础研究为代表的国家自然科学基金、"973" 计划、"863" 计划；以突破关键技术为代表的攻关计划、支撑计划；以推动成果转化为代表的星火计划、农业科技成果转化资金；以及聚焦重点领域全产业链科技创新设置的重点研发计划，均在科技和产业发展的不同阶段，发挥了重要支撑作用。新五大计划的设置，凸显我国科技创新

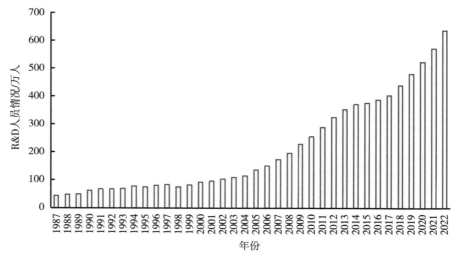

图4-9 国家科学研究与试验发展（R&D）人员投入情况

布局正在向着系统化发展，推动国家集中优势科研力量攻关，创新驱动产业发展。

4. 科技创新管理体系科学化演进，成为加速科技创新的主要保障

为实现科技强国目标，科技创新管理体系正在向科学化、规范化演进。一是政府部门不断简政放权，日益向战略规划、政策、布局、监督和评估等方向倾斜。二是项目组织管理向科研项目专业机构下沉，逐步向专业化、规范化转变。"十三五"以来，按照部际联席会委托专业机构管理的模式，专业机构形成了从指南发布、咨询受理、立项评审、过程管理和综合绩效评价等全流程管理模式，并建立健全专业化管理队伍，形成"一手抓科研产出、一手抓成果转化"的新型科研管理模式。三是专家指导是科技创新的重要支撑力量。各类主体计划均有专家委员会为项目组织实施提供技术指导，确保项目聚焦于实现国家战略目标。四是科研人员强化使命担当是实现科技创新的内生动力。我国越来越多的科研人员投身科技创新工作，以院士为代表的高层次人才充分发扬奉献精神，讲使命、讲担当和讲贡献，领衔国家科技创新，引领科技事业发展。

5. 科技创新向着绩效导向发展，引领科学家从"做科研项目"向"做科技事业"转变

长期以来，科研管理部门对项目（课题）结题验收以项目负责人完成签

订的合同指标为考核依据，很少评价项目（课题）考核指标是否都具有实际应用价值，造成大量论文、专利、新技术、新产品等科研成果价值导向不明，与产业应用衔接不紧，管理部门和验收专家很少去考核和评价科研成果的质量和成效。"十三五"国家科技计划改革以后，科技部改变传统项目验收方式为综合绩效评价，在项目管理过程中，专业机构引导科研人员突出问题导向、成果导向和用户需求导向，强调项目分类评价，突出成果在现实生产力中转移转化，促进产业链和创新链融合，有力推动科研人员从做项目向做科技事业转变。

（二）农业科技创新的启示

坚持党的领导，把握农业特点和科研规律，强化系统布局和关键技术攻关，提升"三农"科技创新水平，是全面推进乡村振兴、加快建设农业强国的重要路径。

1. 坚持党的领导是做好农业科技创新工作的根本保障

党中央始终把解决好"三农"问题作为关系党和国家事业全局的根本性问题。1982年至今，我国先后发布了26个以"三农"为主题的中央一号文件（1982—1986年连续5年，2003—2023年连续21年），为统筹农村工作部署，深化农村经济发展、保障国家粮食安全和农产品有效供给、推动全面乡村振兴提出政策措施。特别是党的十八大以来，以习近平同志为核心的党中央坚持把解决好"三农"问题作为全党工作的重中之重，强调"坚持不懈抓好'三农'工作"，明确要求"有力有效推进乡村全面振兴，以加快农业农村现代化更好推进中国式现代化建设"。实践证明，党领导我们提出的一系列重大决策部署，为农业科技创新确定了基本方向和战略目标，推动我国农业农村科技发展取得历史性成就、发生了历史性变革。因此，全面推进农业农村科技创新工作，必须健全党领导农业农村科技创新工作的组织体系、制度体系、工作机制，提高新时代党全面领导农业农村科技创新工作的能力和水平。

2. 把握时代规律是推动农业科技创新不断进步的必要前提

我国人多地少，资源稀缺，保障粮食安全、生态环境宜居等一直是农业科技创新常抓不懈的任务。新时期、新形势、新任务，要求我们在科技创新方面有新理念、新设计、新战略。把握时代规律始终是推动农业发展、农业强国建设的核心议题。随着生态、经济、社会的发展，气候变化、土地退化、生物多样性丧失、劳动力减少等使农业发展面临严峻挑战，绿色安全、丰产优质、高效可持续是农业科技发展要解决的关键问题，也是农业科技人员肩负的使命。

近年来，大数据、人工智能和生物技术等高新技术迅猛发展，给农业发展带来了前所未有的巨大的创新空间和潜力。例如，基因编辑技术实现作物性状定向改良，卫星遥感、无人机、物联网、大数据等技术助力田间精准智慧管理及农产品安全管理。由此可见，只有紧跟时代步伐，敏锐地捕捉时代的脉搏，才能在农业科技强国道路上行得更稳、走得更远。

3. 注重系统布局是解决制约农业科技发展问题的有效路径

当前我国农业科技创新整体迈进了世界第一方阵，但农业科技进步贡献率同世界先进水平相比还有不小的差距。农业科技创新系统布局是提升创新整体效能实现农业快速和持续发展的关键。一是科技布局要与农业实际需求紧密结合。农业是一个复杂且庞大的系统，包括作物、畜牧、林业、水产等子系统，每个子系统都有其特定的生产环境、技术要求和市场需求。必须加强科技创新方向和内容与农民、企业、市场调研的需求紧密结合，才能确保科研成果能够转化为实际生产力。二是创新过程要注重资源整合。要完善国家农业科技创新体系，健全新型举国体制，建设成政府等大力支持和参与，有志科技人才为主体，高水平高校、科研机构、企业等平台为依托，"政产学研用"一体化推进，科技资源共享共用的科研生态，形成科技创新合力，提升整体科技创新效能。三是科研产出要解决农业生产真问题。科研成果的实用性和针对性是检验农业科技创新能力的试金石。应用基础研究、共性技术研究、成果转化、示范推广是农业科技创新的有效路径，其中应用基础研究是农业科技创新坚实的科技支撑。因此，注重系统布局，是农业科技创新的基本原则之一。只有坚持系统布局，整合各类资源，坚持问题导向，注重应用基础研究，才能确保农业科技创新的高效、有序和持续，推动我国农业现代化进程。

4. 加强成果转化是推动全面乡村振兴的重要抓手

乡村振兴战略是新时代"三农"工作的重中之重。习近平总书记指出，中小企业联系千家万户，是推动创新、促进就业、改善民生的重要力量。无论是 20 世纪 80 年代启动实施的国家星火计划，还是国家农业科技成果转化资金等相关计划部署，均是紧紧围绕科技促进农业产业结构调整和农民增收，通过政府统筹谋划，以项目为纽带，农业企业和科研单位产学研有效合作，带动农民就业，激发县域经济和产业发展。农业农村是否能实现现代化，关键在于农业科技进步成效如何，在于成果转化和推广成效如何。随着工业化和城市化的进程加速，农业农村的角色逐渐从生产领域扩展到生态、文化和社会领域，其影响力逐渐超越了传统的范畴。针对我国农业农村科技供给水平还比较低，特别是原始创新能力与发达国家相比存在较大差距，尚不能满足农业现代化发展需求的现状，必须大力提升科技创新供给能力。农业科技创新成果的转化在全面乡村振兴中可提高农业生产效率和产值，推动农业转型和产业升级；可帮助农民打开更多的市场和商机，实现农业的多元化发展；同时推动农村的文化进步，帮助农民提高生活水平，培养现代农民的理念和素养，加强农村的文化建设和传承。

在新时代背景下，农业科技创新成果转化是实现全面乡村振兴这一任务的关键，坚持以农业农村为核心，提升科技创新供给能力，促进科技与产业深度融合，加速农业科技成果转化，强化农业科技人才支撑，推动县域创新驱动发展，才能确保乡村振兴战略的全面成功。

5. 打造全产业链科技创新人才队伍是农业科技创新的基础保障

在农业农村科技创新工作中，人才是核心，实干是关键。农业科技创新是一项庞大的系统工程，围绕保障国家粮食安全、种业安全等国家战略目标，必须从前端关键核心技术攻关、中端技术模式集成、后端实用技术推广等不同产业链环节，培养和造就一批有担当、讲奉献的科技创新队伍，紧跟世界前沿和国家战略需求，为国家战略提供坚实保障；培养一批深入基层、将科研成果送到田间地头的科技特派员或农技推广员，加强对农民的技术培训和指导，推动科研成果下沉到县乡村；同时构建多元化的人才结构，如加工、销售、信息管理等多领域人才，通过培养和造就各要素环节人才队伍，支撑产业目标实现。

6. 推进有组织科研是实现农业自立自强的关键途径

从科技发展规律来看，随着科学与技术的不断融合，以及科学活动本身复杂性加深，科研活动的有组织性不断加强。农业生产活动周期长、地域差异性大、各类技术交叉复杂，导致农业科技创新时间短、科研成果产出慢且推广难、受制于人的"卡脖子"问题多，因此，更加急迫地需要有组织科研，通过各领域科学活动的深度交叉融合、方法与资源的广度共享、科技人才的合作共赢等方式，实现农业科技创新的自立自强。目前，我国农业科技有组织科研是以国家行为推动，农业科技研究选题、研究工具手段、研究过程和研究协同创新方面体现国家意志，凝聚国家力量的组织方式。这将有助于确保我国农业科技创新的前瞻性、独创性、系统性和战略性，提升国家创新体系整体效能。

聚焦国家粮食安全战略，各类科技计划系统联动典型案例

国家粮食丰产科技工程—粮食丰产增效科技创新重点专项—主要作物丰产增效科技创新工程持续稳定支持，政产学研用等多部门上下联动系统，有力保障我国粮食产量实现二十连增。

背景：2003 年，我国粮食产量降低到 4.3 亿吨，为保障粮食安全，依靠科技支撑提高粮食产能，科技部联合农业部、财政部和国家粮食局（2018 年改组为国家粮食和物资储备局）四部门启动实施国家粮食丰产科技工程重大项目。立足东北、华北和长江中下游三大平原 13 个粮食主产省份，主攻水稻、小麦和玉米三大作物，开展粮食丰产核心技术攻关、技术集成创新和示范应用。该工程得到"十五"攻关计划和"十一五""十二五"支撑计划连续支持。2016 年，继续得到"十三五"国家重点研发计划"粮食丰产增效科技创新"重点专项和"十四五""主要作物丰产增效科技创新工程"重点专项支持。据统计，从"十五"中期迄今，国家和地方直接投入 40 多亿元，连续支持 20 年，该工程的持续成果产出有力支撑了我国粮食产量实现二十连增。

组织实施模式：国家粮食丰产科技工程强化系统联动，有组织实施，典型特点为：一是强化政府部门主导，科技部牵头，联合农业部、财政部和国家粮食局四部门共同推动；二是强化地方政府落实，与东北、华北和长江中下游三大平原区 13 个粮食主产省（区）人民政府签订协议，推动工程组织实施，提供配套资金和负责各省（区）试验示范；三是强化产学研联动，

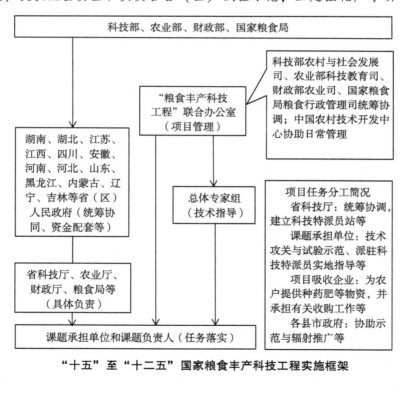

"十五"至"十二五"国家粮食丰产科技工程实施框架

建立"省、市、县、乡"各级"科技特派员工作站380余个，上万名科技特派员为当地试验示范提供技术指导，并吸纳一批种业公司为农民提供种子和收购合同；四是强化总体专家组跟踪指导，对工程实施和课题实施进行技术把关。

　　"十三五"国家重点研发计划"粮食丰产增效科技创新"重点专项和"十四五""主要作物丰产增效科技创新工程"重点专项组织实施模式是以农业农村部科技发展中心承担专项管理任务，进一步发挥项目管理专业机构和农业农村部行业主管部门优势，以保证国家粮食安全为主责，强调"藏粮于地、藏粮于技"，通过产学研联动和政府推动成果转化，实现粮食持续增产增效。

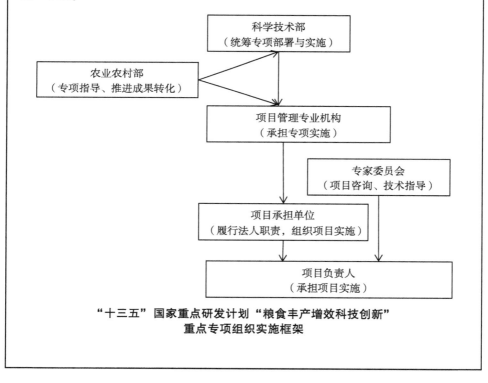

"十三五"国家重点研发计划"粮食丰产增效科技创新"
重点专项组织实施框架

参考资料

褚建勋，王晨阳，王喆，2023. 国家有组织科研：迎接世界三大中心转移的中国创新生态系统探讨［J］. 中国科学院院刊，38（5）：708−718.
从助力脱贫攻坚到支撑乡村振兴——科技支撑农业农村发展创新实践与经验［J］. 庆祝中国共产党成立100周年推荐论文.

冯身洪，刘瑞同，2011. 重大科技计划组织管理模式分析及对我国国家科技重大专项的启示［J］. 中国软科学（11）：82-91.

关于深化中央财政科技计划（专项、基金等）管理改革方案［EB/OL］. https：//www. most. gov. cn/tpxw/201501/t20150106_117285. html.

国家科技支撑计划管理办法［EB/OL］. https：//www. most. gov. cn/tztg/201109/t20110916_89660. html.

国家"十五"重大科技成就展［EB/OL］. https：//www. most. gov. cn/ztzl/gjswkjcj/swkjcjcjzzt/.

国家重点基础研究发展计划管理办法［EB/OL］. https：//www. most. gov. cn/tztg/201112/t20111209_91296. html.

国家重点研发计划管理办法［EB/OL］. https：//www. most. gov. cn/xxgk/xinxifenlei/fdzdgknr/fgzc/gfxwj/gfxwj2017/201706/t20170628_133796. html.

农业科技成果转化资金［EB/OL］. https：//www. most. gov. cn/ztzl/kjhjms/hjmsnc/201202/t20120229_92886. html.

孙珍全，杨斌，张阳，等，2020. 国家重点研发计划重点专项精细化管理与实践［J］. 科技管理研究，40（21）：191-196.

魏珣，葛群，洪登峰，等，2018. "十二五"时期我国现代农业技术研究进展［J］. 中国农业科技导报，20（1）：1-13.

习近平，2023. 论科技自立自强［M］. 北京：中央文献出版社.

星火计划［EB/OL］. https：//www. most. gov. cn/ztzl/kjhjms/hjmsnc/201202/t20120229_92887. html.

张戈，王国雄，2015. 转基因生物新品种培育重大专项项目管理［J］. 管理观察（22）：13-15.

张秀海，蒋大华，魏珣，等，2013. "十一五"国家"863"计划现代农业技术领域回顾与展望［J］. 中国农业科技导报，15（6）：55-62.

张振飞，卢兵友，朱浩，等，2013. 我国农业领域开展创新方法工作机制探讨［J］. 科技管理研究，33（24）：186-190+195.

郑巧英，2014. 产学研合作的重大科技任务组织模式研究［D］. 合肥：中国科学技术大学.

中共中央　国务院关于做好二〇二三年全面推进乡村振兴重点工作的意见［J］. 中华人民共和国国务院公报，2023（6）：4-10.

中华人民共和国科学技术部，2019. 中国科技发展 70 年：1949—2019

［M］．北京：科学技术文献出版社．

中央农村工作领导小组办公室，2023．习近平关于"三农"工作的重要论述学习读本［M］．北京：人民出版社，中国农业出版社．

本章主要研究人员

统稿人　董　文　中国农村技术开发中心，研究员

　　　　孙康泰　中国农村技术开发中心，研究员

参与人　王振忠　中国农村技术开发中心，副研究员

　　　　李静红　中国农村技术开发中心，工程师

　　　　蔡　明　北京林业大学，教授

　　　　邢志鹏　扬州大学，助理研究员

　　　　孔　聪　中国水产科学研究院东海水产研究所，副研究员

　　　　孟庆峰　东北农业大学，副教授

第五章 我国农业科技取得重大成就的组织经验

一、我国农业科技事业取得长足发展

改革开放以来，我国粮食产量、农作物综合机械化率得到明显提升，农业科技创新人才队伍不断壮大，涌现一大批农业科技领军人才，集中力量，协同攻关，在保障国家粮食安全、推动乡村振兴发展中取得显著成效。特别是党的十八大以来，世界百年未有之大变局加速演进、国内外环境发生深刻而复杂的变化，全球生物、信息、新材料和新能源等领域新兴技术突飞猛进并不断与农业科技进行交叉融合，加速了农业科技的发展；世界经济逆全球化，保护主义、单边主义愈演愈烈，引发全球粮食安全格局重大调整，凸显科学技术保障粮食安全的重要性。应对科技革命和产业变革，保障粮食和重要农产品有效供给，推进乡村全面振兴，加快建设农业强国是新时代赋予农业农村科技创新的使命担当。

近十年，创新驱动发展战略全面实施，科技体制改革进一步深化，研发投入持续增加，创新活力竞相迸发。国家重视农业科技创新，国家主体科技计划、国家实验室、国家科研机构、高水平研究型大学、科技领军企业等各方面力量集中解决当前制约我国农业高质量发展"卡脖子"问题，支撑了我国农业重大科技创新成果的不断涌现：农业科技论文总量跃居全球第一；粮食产量连年稳定在 1.3 万亿斤（1 斤 = 500 克）以上，良种对粮食增产贡献率超过45%；农作物耕种收综合机械化率达到73%，农业生产信息化率超过25%；畜禽粪污综合利用率达到 76%，三大粮食作物的肥料和农药利用率均达到40%以上；异源四倍体野生稻驯化策略、国产基因编辑工具等农业基础前沿研究取得重大突破，白羽肉鸡、华西牛等畜禽新品种与国产大马力拖拉机、高效智能采棉机等高端装备打破国外核心种源和核心技术垄断。

1. 持续提升粮食安全保障能力

作物基因组学研究获得显著成效。水稻、小麦等作物的功能基因组技术研究继续保持国际领先，建立水稻功能基因组育种数据库，水稻重测序将研究提升至全基因组水平，绘制世界首张小麦 AD 基因组草图和大豆图形结构泛基因组。种质资源保存利用取得突破。国家作物种质资源保护体系已基本健全，保存种质资源总量突破 52 万份，位居世界第二。突破"小麦—冰草"远缘杂交、水稻节水抗旱等国际难题，培育推广超级稻、节水抗旱小麦、抗虫耐除草剂玉米和耐除草剂大豆等一大批优良品种，超级杂交稻多次创造水稻高产世界纪录，良种对我国粮食增产贡献率达到 45% 以上。畜禽、水产育种水平大幅提升，基本完成猪、牛、羊等动物的基因组测序，建立中国荷斯坦牛分子育种技术体系，研制了抗蓝耳病猪等优异种质；培育出具有自主产权的白羽肉鸡、华西牛、中新白羽肉鸭等系列商业品种，推动我国主要畜禽种核心种源自给率达 75%。育成蓬莱红 2 号扇贝新品种，提升扇贝耐受温度范围，突破扇贝度夏难问题。蔬菜育种技术取得显著突破，牵头完成黄瓜、大白菜、西瓜、番茄等主要蔬菜作物全基因组测序或重测序，挖掘一批品质、抗性与农艺性状的功能基因；率先揭示黄瓜和番茄风味调控机制，培育出甘蓝早、中、晚熟配套品种，育成世界第一个二倍体马铃薯概念性品种——优薯 1 号。

2. 全面推进乡村振兴国家战略

"梨树模式"保护耕地中的"大熊猫"。通过将废弃的秸秆返还土壤，可保持永久性土壤覆盖、最低程度的土壤耕作以及植物物种多样化发展，兼顾黑土地保护与利用，有效抑制土壤沙化。"龙江模式"大幅提升耕地质量。因地制宜耦合米豆轮作、有机肥施用等黑土地保护技术，黑龙江耕层土壤有机质平均增加 3 克/千克，耕作层深度超过 30 厘米。耕地保育成效显著。针对东北黑土地保护、华北地下水超采治理、南方稻区重金属污染综合防控等重大问题，构建黑土地有机质恢复与地力提升、旱区雨水集蓄利用与节水灌溉等技术体系，建成高标准农田 8 亿亩，推广保护性耕作 7 000 余万亩。化肥农药减施增效、耐旱/盐碱种质利用助力绿色发展。研发 Bt 农药等系列高效低风险农药，引入赤眼蜂、捕食螨等天敌昆虫，开发精准变量施肥、水肥一体化等先进技术，实现化学农药减施 30%，农作物平均增产 3%。耐旱/耐盐碱大豆、水稻的种质挖掘、创新与利用显著提高盐碱地使用率，提升农产品自给率。农业废弃物资源化利用水平不断提升。研发稻田绿色种养、秸秆高效捆烧清洁供暖等绿色技术，秸秆综合利用率超过 88%，农膜回收率超过 80%。绿色增产增效模式扩大推广。集成作物绿色高产高效栽培技术模式，发展园艺作物标准化生产、畜禽标准化规模养殖等绿色生态循环模式，示范区增产最高可达 44.7%，每亩最高增效 500 元，有效发挥科技促进农业增产增效的潜力。率先揭示 H7N9 流感疫情的病毒来源，研制 H7N9 禽流感疫苗并实现有效防控，从源头上彻底阻断该病毒由禽向人传播。

3. 不断强化农业食品装备支撑

大型农机实现广泛应用。研制小麦、水稻、玉米等主粮作物的耕种管收全程机械化作业装备，200 马力（1 马力 ≈ 735 瓦）、300 马力级拖拉机已具备量产能力，10 千克/秒大喂入量谷物联合收割机应用逐渐普及。国产采棉机整机产品和采棉头等核心部件已突破关键技术瓶颈，替代进口成为市场主流产品。智慧农业成效显著。农业遥感技术成功应用于农业环境要素监测、灾害监测预警、产量评估等应用场景。基于北斗导航的无人耕地整地技术、主粮作物无人播种收获技术等取得突破性进展。农业设施化水平持续提高。设施种植、设施养殖等设计与建造水平不断提升，立体高效密闭式畜禽养殖环境控制技术与装备自主研发进度加快，集装箱生态养鱼、工厂化水产养殖等开展推广应用。农产品质量安全控制水平不断提升。不断完善农产品安全限量标准，研发系列检验标准物，集成典型化学污染物定性筛查、精准识别和高灵敏检测技术。优质营养产品研发取得显著进展。开发主要农产品营养品质调控技术，研发奶牛营养调控、奶及奶制品品质安全提升关键技术，建立功能食品原料品质评价体系。突破农产品加工储运技术、品质分级技术瓶颈。创建花生低温压榨制油与饼粕蛋白粉联产、微波调质压榨—物理精炼制备油料功能脂质等关键农产品加工技术装备，集成推广冷鲜肉精准保鲜数字物流关键技术，超高压和新型杀菌等装备达到国际先进水平。

二、农业科技事业引领丰硕成果

在各类国家科技计划的长期引导和支持下，广大科技工作者勇挑重担，敢于担当，持续强化基础前沿和种业、耕地、农机装备与设施农业、食品营养与安全、农业生物安全与绿色发展、乡村产业，为建设农业强国提供高水平科技支撑，使多个学科抢占世界科技制高点，加快推动高水平农业科技自立自强，成果不断涌现，形成一大批鲜活的案例。

（一）筑牢粮食安全根基

1. 杂交水稻破解高产难题

水稻是我国最重要的主粮，超过60％的人口以稻米为主食，因此，实现水稻的绿色高产对于保障粮食安全意义重大。通过矮秆育种、杂种优势利用及超级稻等杂交水稻育种技术的应用，水稻产量大幅提升，为国家粮食安全提供坚实的物质基础和技术支撑。伴随着矮秆品种、杂交稻（图5-1）和超级稻的广泛种植，农药化肥施用量也成倍增长，粮食生产资源消耗不断提高，与产量增长不成比例。农药化肥的过量使用带来了严峻的环境问题，培育"少打农药、少施化肥、节水抗旱、高产优质"的水稻品种，主张新品种要兼顾抗病虫、节水抗旱、养分高效利用和高产优质等特性，为我国水稻育种的长远、可持续发展指明了方向。

杂交水稻育种技术是我国近几十年取得的重要科技成就之一，使我国的水稻产量位居世界第一。在杂交水稻基础上，绿色超级稻减少农药和化肥的施用量，降低播种、插秧等用工投入，节约灌溉用水，社会经济效益明显，生态环境效益显著。2021年，第26届联合国气候峰会把绿色超级稻作为全球"迎接2050挑战"，建立低碳、适应气候变化的食品系统推荐科技方案。

图5-1　杂交水稻
（湖南杂交水稻研究中心袁定阳博士提供图片）

杂交水稻高产难题的破解源于以下组织经验：一是国家长期重视水稻育种的创新发展。自"六五"开始，我国持续支持水稻育种，特别是近十几年来，国家"863"计划、"973"计划、"超级稻育种计划"和"国家重点研发计划"持续布局水稻育种关键技术研究，成功破解杂交水稻超高产育种难题，不断刷新亩产产量；发掘鉴定绿色性状重要基因，快速定向改良水稻品种，推动绿色品种和绿色生产体系的发展。二是科学家对水稻育种的持续坚持。袁隆平院士长期致力于水稻杂交育种研究，突破三系杂交水稻技术以来，显著提升水稻产量，并进一步提出杂交水稻由"三系法"向"两系法""一系法"发展的战略构想。通过在杂交水稻领域的持续深耕，培育的第三代杂交水稻——叁优一号双季稻平均亩产达到 1 530.76 千克，创下亩产纪录。三是充分发挥分子育种技术在农业育种中的应用。基因组学、分子生物学和表型组学技术的迅速发展对探明水稻高产优质性状形成的分子机理，开展品种设计具有重要推动作用。例如中国科学院遗传与发育生物学研究所揭示水稻理想株型形成的分子基础，阐明植物激素独脚金内酯调控株型发育的分子机理；开创性地应用关联分析法，阐明影响稻米品质的主效基因和分子机理；创建基因组学分析新方法，开辟水稻复杂性状相关基因遗传研究的新途径；系统研究水稻籼粳亚种间的差异，揭示水稻起源及驯化过程。

2. 小麦远缘杂交和分子育种实现领域新突破

在小麦遗传改良过程中，由于长期的定向选育、单一亲本过度使用等因素，致使品种间同质化现象日趋明显，抗病虫害、抗逆的能力严重下降。远缘杂交是我国育种专家进行小麦改良的重要途径之一，通过远缘杂交引入外源基因，可提高小麦的产量、品质、生物抗性。冰草属植物是小麦的近缘野生种，对多种小麦病害具有高度免疫性，是小麦品种改良的外源优异基因供体之一。在"973"计划、国家科技支撑计划等多个国家科技计划项目的支持下，攻克利用冰草属物种改良小麦的国际难题，创立小麦远缘杂交新技术体系，创制出的"小麦—冰草"新品系具有多花多实的高产特性，较小麦主栽品种增产10%，解决了我国高产小麦种质匮乏问题。同时，该品系对白粉、条锈、叶锈菌等病害具有广谱抗性，为培育兼具多种病害抗性新品种提供了强力支撑，驱动育种技术与品种培育新发展。赤霉病被称为小麦的"癌症"，一般流行年份可引起 10%~20% 的产量损失，大流行年份可导致绝收。在国家重点研发计划等项目的资助下，完成抗赤霉病基因初定位、精细定位、图位克隆、抗病分子机制解析等长期探索，首次从小麦近缘植物长穗偃麦草中克隆出抗赤霉病基因Fhb7，并揭示其抗病分子机制，成功将该基因转移至小麦中，明确其在小麦抗病育种中的稳定抗性和应用价值。"小麦—冰草"远缘杂交（图 5-2）和Fhb7 基因的发现均实现了我国小麦育种领域新的突破，丰富小麦育种的基因宝库，为我国小麦产业高质高效发展、国家粮食安全提供技术支撑，也为其他作物的育种提供借鉴。

图 5-2　小麦—冰草
（中国农业科学院作物科学研究所李立会博士提供图片）

小麦育种技术的突破源于以下组织经验：一是瞄准粮食安全战略需求。培育高产抗病小麦新品种可大幅减少农药施用量，提高全生长周期抵御病害能力，有效实现绿色增产，有力支撑和保障我国小麦安全生产。小麦抗赤霉病研究的突破将从源头上解决小麦赤霉病这一世界性难题，预计每年可减少产量损失约 250 万吨，挽回直接经济损失约 50 亿元，对保障国家粮食安全具有重要意义。二是对远缘杂交技术的持续攻关。远缘杂交可打破生物界种属间存在的生殖隔离现象，使不同物种各自具有的优良基因进行聚合，从而形成新的农艺、品质和产量性状。经过数十年的攻关，通过幼龄授粉、幼穗体细胞培养、特异分子标记等一系列技术创新，创立小麦远缘杂交技术体系。目前该体系已被国内外专家成功应用于蒙古冰草、药用野生稻、茄子、柳树等野生近缘物种的远缘杂交研究，利用创新种质培育的品种、后备新品种在引领育种发展新方向方面发挥着重要作用。三是深入挖掘优势基因。小麦种质资源中可用的主效抗赤霉病基因非常稀少，国际上鉴定并命名的 7 个抗赤霉病主效基因并非全部具有高效抗病性，人们对小麦抗赤霉病机制的解析仍不充分。携带抗赤霉病基因 $Fhb7$ 的长穗偃麦草在小麦育种试验中表现出稳定的赤霉病抗性，同时对小麦茎基腐病也表现出明显抗性。中国工程院院士、"杂交水稻之父"袁隆平评价"$Fhb7$ 基因的发现和抗病机制解析对水稻、玉米等作物育种同样具有重要意义"。

3. 肉鸡肉牛育种扭转我国畜禽核心种源依赖进口局面

我国是世界最大的动物食品生产国和消费国之一，但主要经济动物如鸡、牛等的纯系种源长期过度依赖进口，导致产品价格波动加剧及病原引入，不利于我国的种源安全、产业安全和生物安全。为纯化、优化种源，国内育种领域持续不断努力，在"十二五""十三五"重点研发计划的支持下，白羽肉鸡和肉牛种源培育已有突破性进展。发明了国内首款肉鸡55K SNP芯片"京芯一号"，在国家级肉鸡核心育种场应用11万张，构建白羽肉鸡从表型精准测定到智能化、大数据的基因组遗传评估体系，培育出广明2号白羽肉鸡新品种（图5-3），实现了种源"从0到1"的突破。2021年和2022年两次入选中国种子协会"中国种业十大事件"。培育体形外貌一致、遗传性能稳定、生产效能突出的肉牛新品种"华西牛"（图5-3），搭建我国首个肉牛分子育种技术平台，研发育种芯片，制定包括胴体重和屠宰率等重要肉用性能指标在内的基因组选择指数（GCBI），显著加速育种进程，实现了肉牛分子育种核心技术从"跟跑"到"并跑"。广明2号白羽肉鸡和华西牛均实现了我国动物育种的新突破，打破当前我国畜禽核心种源严重依赖进口的局面，展现动物分子育种方法在整体产业链升级中彰显出的极强生命力与创造力。同时，基因编辑技术、遗传变异检测技术的发展，基因组数据库的不断完善，将继续改进良种繁育体系，相关研究成果将助力培育生产性能优异、饲料回报率高的畜禽品种，缓解国内饲料压力、推动畜禽行业发展，显著提升我国畜禽产品的国际竞争力。

图5-3　广明2号白羽肉鸡和华西牛
（中国农业科学院北京畜牧兽医研究所提供图片）

畜禽核心种源的突破源于以下组织经验：一是增加对理论研究的关注和投入。在夯实理论背景研究、遵循科学规律的基础上，更有可能实现理论和科技创新。中国农业科学院研究DNA甲基化图谱在遗传领域的作用，系统评估分析我国肉用西门塔尔牛群体生长发育性状的遗传参数和遗传进展、稀有变异关联分析、国内外肉牛遗传评估体系，构建基因组遗传评估体系，为我国肉牛育种工作提供参考。结合科研实践加强理论研究，依据理论建立和完善基因组数据库对于物种育种和遗传研究至关重要，是我国动物遗传改良计划推广实施的保障。二是及时落地先进科技成果助力长远研究。中国农业科学院构建的"京芯一号"芯片和白羽肉鸡从表型精准测定到智能化、大数据基因组遗传评估体系，是白羽肉鸡遗传研究的先进科技成果。将此类先进的基因组遗传评估技术和分子育种方法及时落地应用，能更快更进一步地推动白羽肉鸡遗传研究的进步，培育出具有稳定遗传性能的白羽肉鸡新品种。目前，已有多个团队采用"京芯一号"芯片进行肉鸡基因分型研究，"京芯一号"芯片及基因组遗传评估体系将持续加快育种进程、提升繁育效率，并为畜禽产业的发展提供更多可能性。三是持续推进科研成果进步和产业化。中国农业科学院一直致力于肉鸡育种后续基因功能、品种改良等研究，继续走在探索的前列：例如利用全基因组关联分析和转录组测序筛选到孵化性状的相关候选基因，为白羽肉鸡孵化性状的遗传改良提供重要的分子标记。白羽肉鸡的推广引导我国肉鸡市场格局发生转变，农业农村部印发的《全国肉鸡遗传改良计划（2021—2035年）》明确提出，到2035年，我国自主培育白羽肉鸡品种市场占有率计划达到60%以上，打造具有国际竞争力的种业企业和品种品牌。

4. 扇贝新品种引领我国深蓝渔业科技创新发展

近年，水产养殖空间受到严重压缩，水产品质量安全问题以及渔业生产不平衡、不协调、不可持续问题愈显突出。发展深蓝渔业，向深远海和大洋极地水域拓展新空间，构建优质水产动物蛋白高效生产方式，已成为推进海洋强国战略、促进渔业升级转型的必然选择，是现代渔业调结构、转方式的重要途径。在"863"计划、国家重点研发计划等国家科技计划的支持下，对黄、渤海区普遍养殖的栉孔扇贝开展研究，创建新型低成本、高通量全基因组标记筛查分型技术，创新扇贝高产抗逆新品种培育技术体系，研发具有完全自主知识产权的贝类分子育种技术系统和贝类全基因组选择育种评估系统，育成国际首个全基因组选育水产良种蓬莱红2号扇贝新品种。蓬莱红2号栉孔扇贝耐受温度范围大（图5-4），突破了栉孔扇贝度夏难的问题，不仅延续上一代的高产抗逆特性，且较普通栉孔扇贝生产用种增产53.46%，较蓬莱红扇贝提高25.43%，成活率较普通生产用种提高27.11%，引领水产分子育种技术新发展。此外，还培育了獐子岛红和海湾扇贝海益丰12等新品种，累计推广911万亩，创造产值497多亿元，扭转我国扇贝养殖业长期依赖野生苗种的局面，成果入选"'863'计划实施25周年重大成就及典型案例研究"、获2018年国家技术发明奖二等奖等。扇贝新品种的研发有助于深蓝渔业科技创新发展，建立完善深蓝渔业生产体系将大幅拓展我国水产养殖空间，提升我国对深远海水域及渔业资源的利用能力。

图 5-4　栉孔扇贝
（中国海洋大学黄晓婷博士提供图片）

扇贝新品种的培育源于以下组织经验：一是结合国家战略目标推动相关产业融合发展。以建设"绿色、优质、高效、健康、安全"的深蓝渔业为目标，攻克新技术，形成新装备和重大产品，促成三产融合的战略性新兴产业，培育和发展"深蓝渔业"创新创业核心团队，建立现代科技研究与示范平台，支撑我国蓝色国土资源的可持续发展。二是持续提升深蓝渔业科技创新能力。突破海洋生物资源开发、优质水产动物养殖的学科问题与技术瓶颈，以深蓝渔业工程技术体系构建为目标，通过基础研究、技术研发与集成示范，形成支撑产业发展的技术及产业示范模式。支持建立具有自主知识产权的技术体系，培养专业人才，提高我国在深蓝渔业科技创新方面的能力。三是关注生态文明建设和可持续发展。全球环境污染、资源短缺、气候变化等问题已成为国际社会普遍关注的话题，开展生态文明建设，推动可持续发展是必然趋势。发展深蓝渔业拓展水产养殖空间，有助于维护海洋生态系统平衡，保护海洋环境。通过建立规模化高效生产的深蓝渔业生产体系，促进海洋开发方式向循环利用型转变，实现海洋资源的可持续利用，推动海洋生态文明建设，对于维护国家海洋权益、建设海洋强国以及推进可持续发展具有重要意义。

（二）支撑乡村振兴战略

1. "梨树模式"保护耕地中的"大熊猫"

我国黑土地主要分布在黑龙江省和吉林省，因肥力充足、产出质量高、产出能力强，有耕地中的"大熊猫"的美称。然而经过长期高强度的开发和不合理的耕作，黑土地退化严重，出现变薄、变瘦、变硬的现象，不少地方出现沙化、盐碱化、土壤板结的问题，不仅给我国粮食安全带来了严峻的挑战，也给我国生态安全造成了巨大的威胁。在国家重点研发计划的支持下，高校、科研院所等共同研究并总结出适合东北三省以及内蒙古自治区东部的玉米保护性耕作模式——"梨树模式"。"梨树模式"是以玉米秸秆覆盖少耕、免耕栽培技术为核心，一整套包括收获与秸秆覆盖、土壤疏松、播种施肥、防除病虫草害的全程机械化技术体系，能减少风蚀水蚀80%以上，增加土壤有机质，实现多蓄水和保水，促进保护环境、节能减排、节本增效和稳产高产。该模式现已应用于东北地区的101家合作社或家庭农场，推广面积达5 000万亩，产生较大的经济和社会效益。通过不断总结和推广保护性耕作，"梨树模式"已然成为一套有效的黑土地保护集成方案（图5-5），黑土地的生产能力得到有效提升，粮食综合生产能力也实现进一步增长。

图5-5　梨树县标准化基地
（东北农业大学孟庆峰博士提供图片）

"梨树模式"的发展离不开以下组织经验：一是国家在黑土地保护中发挥主导作用。梨树县充分发挥国家、地方政府的主导作用，以投资补助、提高耕地占有税和发行专项债券等方式为黑土地保护工作保驾护航。梨树县在坚持土地承包关系不变、群众自愿原则的基础上，鼓励农民专业合作社、家庭农场等经营主体，大力开展生产托管服务，加快推动小农户与现代农业有机衔接。深入落实粮食种植补贴、土地生产托管补贴、梨树模式推广补贴等各项惠农政策。二是整合土地界限破碎问题，发展规模化农业。梨树县以农民专业合作社或家庭农场等新型经营主体为实施主体，旨在解决县域内土地界限破碎的问题，以 300 公顷土地相对集中连片为一个单元，全程机械化操作，最大限度地发挥农机具作用，整县推进实施"梨树模式"总面积 5 000 余公顷，对实现黑土耕地适度规模经营和机械化水平具有重要意义。三是推广"梨树模式"，树立创新工程实施样板。梨树县的"梨树模式"作为一种成功的农业发展样板，其样板作用体现在促进农业现代化发展、保护生态环境、提高农民收入、推动农村经济发展以及加强产业融合等多个方面，提高了农业生产效率和质量，符合可持续发展的要求，提供更多的就业机会。积极推广和应用"梨树模式"，通过不断优化和发展新的技术和理念，为实现农业现代化作出更大的贡献。

2. "盐碱地大豆"提升我国大豆自给率

我国大豆产量低，进口依赖程度高，在不挤占水稻、小麦等种植空间的前提下，考虑到大豆耐瘠薄的特性，开发盐碱地大豆种植技术、培育优质耐盐大豆新品系、挖掘盐碱地潜力以扩大大豆种植面积将是推动大豆自给率提升的重要措施。为了加速大豆资源的评价并促进其利用，培育优良大豆品种，在"973"计划的连续资助下，我国组织开展了"大豆核心种质构建（1998—2003）"和"大豆微核心种质基因多样性（2004—2009）"研究，经过近 10 年的努力，利用系统方法构建大豆核心种质并对其代表性进行检测，实现大豆核心种质从构建理论向应用研究、从表型多样性评价向基因多样性鉴定的转变。开展大豆优异种质挖掘、创新与利用攻关，创建大豆种质资源表型与分子标记相结合的鉴定技术体系，在国际上率先建立大豆核心种质，挖掘抗病、耐逆、高油等优异种质 149 份；率先构建和解析大豆泛基因组，开发 SNP 芯片 2 套，挖掘抗病、耐旱/盐碱、高油等重要性状 QTL/基因 72 个，建立分子标记育种技术体系，创制抗病优质新种质 8 份；创建大豆种质资源高效共享平台，选育出抗病、优质、高产新品种 17 个，实现大面积应用。2006—2017 年累计推广 1.25 亿亩，新增社会经济效益 97.82 亿元，成果获 2018 年国家科学技术进步奖二等奖。盐碱地大豆新品种为转变我国大豆产业不利局面，保障我国粮食安全做出重要贡献。大豆种质资源的系统研究和分子育种技术研究将为发掘和利用大豆资源中的优异基因提供指导，筛选适应盐碱地生长条件的抗盐碱性强的大豆品种（图 5-6），提升大豆产量，降低对进口大豆的依赖。

盐碱地大豆的培育源于以下组织经验：一是鼓励多学科领域的科研合作。大豆种质资源的研究需综合植物遗传学、分子生物学和农业生态学等多学科领域的科研合作，通过种质资源共享，竭诚合作并形成合力，选育抗病、优质、高产的新品种，显著加快大豆品种改良进程。二是加强种质资源利用。我国作

图 5-6　盐碱地大豆

（中国农业科学院作物科学研究所韩天富、孙石博士提供图片）

物种质资源长期库中保存大豆资源 2.3 万余份，是全世界大豆资源收集保存数量最多的国家。然而大豆种质资源在新品种培育中的利用率低导致我国大豆育成品种的遗传基础趋于狭窄。提升我国大豆种质资源利用率将有效促进我国大豆育种技术的发展。三是关注国际领先技术及其应用成果。转基因大豆在美国和巴西等国家开展广泛种植，已成为"一个基因可以改变一个产业"的典型范例。关注并借鉴国际领先技术及其应用成果，进一步加快分子育种等技术在新品种选育中的应用，将有效提高我国大豆育种水平。

3. 禽流感疫苗彻底阻断该病毒由禽向人传播

禽流感是由禽流感病毒引起的一种家禽高接触性传染病，在我国被列为一类传染病。2016 年，禽流感对家禽的致病性由低致病性转变为高致病性，使得家禽业遭受重创，对公共卫生安全造成了严重威胁。为了应对禽流感防控重大需求，在"国家重大传染病防治科技重大专项"等国家科技计划支持下，揭示了 2013 年以来 H7N9 流感疫情的病毒来源，发现了 H7N9 禽流感病毒由低致病性演化为高致病性的分子基础，明确其对人类宿主的适应机制。成功研发出人感染 H7N9 禽流感病毒疫苗株，该疫苗株的致病性较野生型 H7N9 毒株显著下降，可用于人感染 H7N9 禽流感病毒疫苗的生产。在此基础上，研发了"一针防两病"的"一类新兽药" H5+H7 灭活疫苗，并迅速在全国进行了推广应用。该疫苗 2017—2021 年累计销售收入 70.32 亿元，新增总经济效益约 4 336 亿元。禽流感疫苗的成功研发结束了我国流感疫苗株需由国外提供的历史，表明我国具备自主研发流感病毒疫苗株的技术和能力，为全球控制 H7N9 禽流感疫情控制作出积极贡献，是我国在新突发传染病防控能力建设领域的一项重要协同创新成果（图 5-7）。

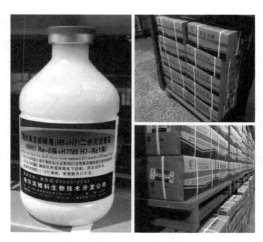

图 5-7　重组禽流感病毒（H5+H7）二价灭活疫苗
（中国农业科学院哈尔滨兽医研究所、哈尔滨维科生物技术有限公司提供图片）

禽流感疫苗的研发与推广离不开以下组织经验：一是联合优势单位开展协同攻关。从 2013 年开始，H7N9 亚型禽流感病毒已相继形成了五波流行，共造成 1 560 多例感染和 600 多例死亡。针对禽流感防控需求，浙江大学医学院附属第一医院、香港大学、中国疾病预防控制中心、中国食品药品检定研究院和中国医学科学院等多家单位开展协同攻关，充分发挥各单位优势，成功研发出人感染 H7N9 疫苗株。二是追踪病毒变异情况，及时发现潜在重大公共卫生威胁。中国农业科学院在长期分离病毒株的过程中发现了变异株。动物实验表明，这些变异株对鸡具有高致死性，对小鼠和雪貂无致病力。然而，在雪貂体内复制一代后，它们即可获得适应哺乳动物的关键突变，突变后的病毒对小鼠的致病力增加了万倍以上，能够引起雪貂严重发病和死亡。此外，H7N9 病毒在人体内复制时极易获得这种突变，该研究全面揭示 H7N9 病毒的进化和变异情况，率先发现高致病性 H7N9 病毒，并证明它们对人蕴藏更大危害。由于涉及重大动物疫病防控和公共卫生安全，相关研究发现后实时上报政府有关部门，为家禽和人 H7N9 流感防控政策制定提供了重要科学依据。三是研发多价疫苗预防病毒变异风险。多价疫苗能够覆盖多种病原体的变异株，减少因病毒变异而产生的传播和感染风险，在预防流行病方面具备更好的保护效果。加强多价疫苗的研发和推广，对于防控流行病、保障公众健康具有重要意义。

（三）强化农业装备支撑

1. 大马力智能拖拉机研发引领我国农用动力装备水平提升

农业机械化是农业现代化的重要标志。长期以来，我国农用动力机械基础研究不足，整机可靠性和作业效率不高，核心部件和高端产品依赖进口，东北、新疆的大型农场大马力智能拖拉机市场长期被欧美品牌垄断。为破解瓶颈，"十二五"开始国家科技计划持续支持国产大马力智能拖拉机的关键技术研发。在国家科技计划引导下，企业、高校、科研院所联合开展攻关并取得一系列成果。"十二五"期间，突破了无级变速传动、智能化控制管理系统等多项关键核心技术，完成400马力级动力换挡高效智能拖拉机样机的研发。"十三五"期间，突破了动力换挡、无级变速和负载传感电液提升等关键技术，研制260马力、360马力级等系列动力换挡、无级变速高效智能拖拉机样机，形成谱系化产品。"十四五"期间，突破了基于功率分配效率最优的CVT动力总成技术、基于北斗导航和多源感知融合的田间拖拉机自动驾驶技术等关键技术，完成500马力混合动力拖拉机物理样机试制。国产大马力智能拖拉机的研发突破了"卡脖子"技术瓶颈，打破大型高端拖拉机核心技术受制于人、产品长期依赖进口的现状，填补了国内空白，对提升我国农机装备科技创新能力、高端农机装备制造能力和产品国际竞争力具有重要意义，为规模化现代化农业生产提供了高效绿色动力支撑。

大马力智能拖拉机的研发源于以下组织经验：一是龙头企业结合国家战略与市场需求积极开展大马力智能拖拉机研发。随着我国土地流转政策的深化和农业机械化水平的提升，国内对拖拉机的马力和智能化水平要求不断提高。国家科技计划持续布局大马力智能拖拉机的研发，引导各类研发力量形成合力，行业龙头企业结合市场需求和自身产品布局积极承担国家科技计划，投入大量自身研发经费，共同推动大马力智能拖拉机关键技术与整机研发。二是企业集聚优势团队开展协同攻关。项目研发过程中，企业发挥自身制造、产品、市场等优势，广泛组织具有基础研究、先进设计等方面优势的高校、科研院所联合攻关。例如，潍柴雷沃智慧农业科技股份有限公司联合清华大学、北京理工大学、南京农业大学等多家单位组建了创新联合体开展攻关，利用清华大学在自动驾驶技术、北京理工大学在混合动力技术、南京农业大学在农业机械传动技术等方面的优势，结合自身在整机制造与应用验证的基础条件，形成跨界联合力量，充分发挥产学研结合作用，建立自主研发平台，培养高层次研发人才，突破了自动驾驶、无级变速等系列关键核心技术，成功研制出具有自主知识产权的大马力智能拖拉机样机。三是研究成果在企业就地转化，形成谱系化产品。样机到产品是一个非常复杂的过程，需要经过充分的性能验证、标准件的采用替换、上下游供应链的打通、市场推广等系列流程。以性能验证为例，雷沃公司（图 5-8）在大马力智能拖拉机研发过程中，为更好地满足多种作业场景、不同地区农艺条件的工作需求，在山东潍坊、内蒙古莫旗、新疆阿克苏等地开展了大量的可靠性试验，在黑龙江佳木斯、青海德令哈等典型地区开展了大量高寒、高原试验，为后续定型高可靠性、高适应性产品奠定良好基础。通过研发团队的共同努力，参加国家"十三五"科技创新成就展的重点创新成果 360 马力 CVT 智能拖拉机，已形成 240 马力，340 马力 CVT 智能拖拉机等谱系化产品，大大提升了国产智能拖拉机功率段。此外，500 马力混合动力 CVT 拖拉机样机逐渐成型，为更大马力拖拉机产品储备了充足的技术。

图 5-8　大马力拖拉机
（潍柴雷沃智慧农业科技股份有限公司提供图片）

2. 果蔬智能分选装备从无到有、从有到强

我国是果蔬生产大国，但果蔬产业一直面临着品质参差不齐、商品化处理率低等问题，使得我国果蔬市场竞争力相对较弱、损耗大，给农业持续增效和农民持续增收带来了严峻挑战。为破解果蔬商品化处理过程中内外部品质多指标同步无损检测难、高速运动状态下检测精度低、装备适应性差且易产生机械损伤等难题，在国家"863"计划项目、国家科技支撑计划、国家重点研发计划等多个国家科技计划项目的支持下，高校、科研院所与企业开展了数十年的

连续攻关，并取得了一系列的成果。从 20 世纪 90 年代起，针对水果外观品质多表面检测以及防损伤的难题，研发基于计算机视觉的水果外观品质在线快速检测技术，于 2004 年研制了拥有完全自主知识产权的我国第一条基于计算机视觉的水果外观品质智能在线检测与分选生产线，并推广应用，填补了我国果蔬品质光电检测分选装备的空白，成果获得了国家技术发明奖二等奖。基于市场对水果内在品质需求的提高，突破基于可见/近红外光谱的水果内部品质糖度在线无损检测分选技术，研制自由果托式零碰撞的水果内外部品质同步无损检测与智能分选装备，显著降低水果损伤率，突破桃、梨等易损水果以及西甜瓜、蜜柚等大尺寸水果商品化处理难的瓶颈，创制"滚轮果托式""自由果托式"等系列果蔬内外部品质智能检测分选装备，实现果品糖度、酸度、内部缺陷等多品质指标的同步智能检测分选。针对规模经营带来的大通量分选需求，建立近红外光谱连续积分技术+AI 预测模型的水果内部品质高通量无损检测方法，研制"AI+机器人"大型水果内外部品质同步无损检测与智能分选装备，生产率可达 60 吨/小时（图 5-9），建立机器人拆垛、内外部品质智能检测分选、精品果自动定量入箱、机器人码垛等多个高度自动化作业系统，并构建基于水果身份与品质信息一体化的以质定价系统，显著提高分选效率，并向无人化迈进了一大步。打破了高端智能分选装备长期依赖进口的现状，实现我国果蔬智能分选装备从无到有、从有到强。

图 5-9　12 通道、60 吨/小时的大型橙类水果品质智能分选装备
（浙江大学徐惠荣博士提供图片）

果蔬智能分选装备的研发源于以下组织经验：一是市场需求引导高校、科研院所和企业开展果蔬智能分选装备研发。随着我国居民生活水平的不断提高和消费观念的升级，果蔬产后检测分选技术与装备的研发应用越发重要，能够赋能科学种植管理与销售，推动行业科技进步和产业高质量发展，已成为增值富农、减损保供、满足人们追求美好生活的关键支撑、也是我国建设农业强国的重大战略需求。浙江大学、中国农业大学、江苏大学、北京市农林科学院智能装备技术研究中心、中国农业科学院农业信息研究所、西北农林科技大学等国内高校、科研院，浙江开浦科技、江西绿萌等龙头企业瞄准果蔬品质智能分选的需求开展装备研发，通过不断捕捉消费者和生产实际需求，开展研发工作，一方面提升研究团队的技术水平，另一方面也保证研发的产品具有实际价值和意义，有力促进我国农产品产业的快速健康发展。二是对果蔬智能分选装备研究的长期坚持。在果蔬智能分选装备的研发过程中，消费者的需求从原来的要"吃得到、吃得够"转变为要"吃得好、吃得健康、吃得美"，针对消费者需求的变化，果蔬智能分选装备解决的问题从外观品质到内部品质，再到高通量智能检测。围绕消费者对果蔬品质的动态需求，通过组建优势团队进行攻关，数十年聚焦果蔬智能分选关键技术与装备的研发，对技术进行拓展泛化，对产品进行迭代升级，针对不同果蔬种类和品质需求形成系列解决方案。经过长期持续不断的研究，突破果蔬高端分选技术与装备完全依赖进口、受制于人的瓶颈，研发相关关键技术与零部件，形成样机并进行产业化，推动国产分选装备的发展。三是新兴技术与农业科技的交叉融合。新兴技术的兴起以及与农业科技的融合为农业生产注入新活力，提供创新解决方案。例如在果蔬智能分选装备的研发过程中，不仅需要传统的机器视觉技术、可见/近红外光谱技术，还加入了新兴技术例如 AI 算法、机器人分选等，以及未来可能的太赫兹波谱技术、微纳感知技术。通过不断吸纳新兴技术，为果蔬智能分选装备增加功能、增强效果提供支撑，为产品进一步迭代升级打下坚实基础。

3. 超高压食品装备自主创新研发打破国外垄断

超高压食品加工技术作为一种新兴的非热杀菌技术，相比传统方法能更好地保留食品的营养成分、口感和风味，符合绿色食品的生产要求，特别适合对热敏性食品、含活性成分高的食品和鲜食的高附加值水产品等进行处理。受制于超高压技术装备的发展，我国超高压食品加工技术难以落地，在国家"863"计划和科技支撑计划中，我国对非热加工技术与装备的研究设立专门课题，予以重点支持。通过自主研发和集成创新，我国自主研制的大型超高压装备已突破超高压快开式双堵头密封、低压系统与高压系统流量匹配、新型增压器结构优化设计等核心技术，研制出多层高强度钢板复合结构承压框架，开发出高压釜单体容量 350 升、最大工作压力 600 兆帕、处理量达 1.5 吨/小时的大型超高压装备（图 5-10），部分设备已批量出口美国、欧洲、韩国和我国台湾地区，打破美国、西班牙和日本等近 20 年的技术封锁和装备垄断，国内技术覆盖率超 70%，促进我国食品超高压加工技术的发展，经济社会效益显著。超高压食品装备相关核心技术的突破有助于我国超高压加工技术的高效产业化发展，为食品装备制造领域开辟新路，为传统食品提供更多保鲜手段，为新型食品如即制食品提供支持，应用前景较为广阔。

图 5-10　超高压食品装备
（力德福科技有限公司提供照片）

　　超高压食品装备的研发源于以下组织经验：一是增强高校与龙头企业的合作。目前我国已建立了一支从事非热加工的研究团队，如中国农业大学、华南理工大学等高校和包头科技发展公司等形成了产学研紧密结合的非热加工科技联盟，增强高校与龙头企业的合作，将凝聚从事基础理论研究和关键技术应用的人员力量，促进科技创新和应用落地。二是加速产品的产业应用。食品超高压加工先进装备的成功开发为超高压加工技术开辟了新的发展空间，在传统风味食品、即食调理食品、即制料理食品与方便中式菜肴等领域具有广阔的应用前景。三是促进领先产品向国外输出。超高压技术成果完成两年内，商用型超高压设备销售已超过 50 台，并开始批量出口。部分超高压食品加工技术装备已经出口至美国、欧洲和韩国，打破了发达国家长期以来对该领域的技术封锁和装备垄断，推动国内技术的国际化和全球影响力的提升。

三、农业科技事业发展带来的启示

强国必先强农，农强方能国强，我国农业科技事业取得的重大成就离不开国家战略的指导，也离不开高校、科研院所和企业的长期持续攻关，将"做科研项目"升华为"做科技事业"，形成了以下启示。

积极参与新型举国体制，开展有组织的科研。"集中力量办大事"是我国社会主义制度的显著优势，近十年，农业领域国家实验室、国家科研机构、高水平研究型大学、科技领军企业建设不断强化，国家农业战略科技力量持续增强，战略性科研设施再添重器，加快推动高水平农业科技自立自强。这就要求我们以国家重大科技项目和体现国家战略意图的现代化重大创新工程为牵引，集中解决当前制约我国农业高质量发展的"卡脖子"问题。我国科学家开展有组织的科研，多家单位通力合作，齐头并进，形成强大合力，突破关键核心技术，不断提升重大创新工程建设效益，坚持目标导向，协同实现整体性能最优、综合效益最大。

紧跟国家战略，坚持国家科技计划的持续系统引导。我国始终将"三农"工作作为全党工作重中之重，大力实施创新驱动发展战略、乡村振兴战略，坚持向科技要答案、要方法。国家科技计划持续布局作物畜禽育种、土壤保护、农业装备等领域的研发与应用工作，通过公平、公正、公开的竞争方式，吸引优势团队承担相关项目，形成了良性竞争的格局，努力将提升国家农业科技创新水平作为一项科技事业，长期攻关，取得了丰硕成果。

胸怀"国之大者"，弘扬科学家精神。作为新时代的科技工作者，不仅要有扎实的科研技术，更要有家国情怀，拥有社会责任感和历史使命感，在选择方向时应以国家需求为导向，不畏任重，不惧时艰，不盲目追随热门研究，能够静心科研，将个人理想融入科技强国伟业，洞察变革端倪，补短板、增长板。例如盐碱地种植大豆技术的攻克，禽流感疫苗的研发等，均是面向国家重大需求，将个人及团队做事业的理想融入国家民族命运，摆脱核心技术受制于人的局面，打造未来竞争新优势，切实践行科学家精神，在奋斗中成就创新梦想、实现人生价值。

关注前沿技术发展，突破核心技术。农业科技的发展离不开生物、信息、新材料和新能源等领域新兴技术的快速发展。例如分子育种可实现在 DNA/RNA 水平上的选择或改造从而达到育种目的，克服传统育种周期长和准确性差的缺陷，显著提升选种准确度；通过应用云计算、大数据、物联网、区块链及 5G 等新一代信息技术，联合智能化技术设备，增强农业装备功能，提升工作效率，实现产品迭代升级。充分利用前沿技术最新成果能够有效减少低水平重复，增强不同领域科研工作者的合作，扎实做好事业引领型的规划，长期深耕，突破农业科技领域关键核心技术。

关注市场需求，积极解决实际问题。在农业科技产品的研发过程中，必须紧密关注市场需求。通过调研和分析，深入了解消费者和生产实际需要，确保研发产品能够真正解决消费者面临的问题，改善人们生活品质。同时为适应市场需求的不断变化，农业科技产品的研发工作应持续进行改进和创新，满足消费者不断增长的需求。

汇集多方力量，充分发挥产学研结合作用。通过国家科技计划形成号召力，集聚不同领域的企业、高校、科研院所形成跨界融合的优势力量，组建研究基础雄厚、事业目标清晰、任务分工合理的优势团队，协同攻关，突破农业科技亟须领域关键技术。

充分发挥企业创新主体作用，推进产业高质量发展。国家科技计划显著提升了企业的创新能力，一方面通过高水平研究提升了企业的平台等级、人才层次等科研水平；另一方面通过协同攻关提升了企业的科研组织能力。企业利用国家科技计划研发成果形成的技术储备，随时结合市场需求变化，进行原有产品的升级改进、新产品的提出等活动，有效促进成果转化。促进研发产品由数量向质量转变，通过统一操作规程、质量标准和技术规范，提高生产效率和产品质量；通过提升品牌价值，增加产品竞争力，增强农业产业链的整体效益，将科研成果逐步转化为成熟产品，推动"科研项目"成为"科技事业"。

参考文献

韩永刚，2019. 市农科所参与项目获国家科技进步奖［N］. 呼伦贝尔日报，2019-01-22.

霍然，2022. "第一动力"：势能更强支撑更稳：我国农业科技创新发展综述［J］. 农村工作通讯，18：27-29.

蒋焕煜，应义斌，王剑平，等，2002. 水果品质智能化实时检测分级生产线的研究［J］. 农业工程学报，18（6）：158-160.

刘冉冉，赵桂苹，文杰，2018. 鸡基因组育种和保种用 SNP 芯片研发及应用［J］. 中国家禽，40（15）：1-6.

刘永新，刘晃，方辉，等，2022. 中国深蓝渔业发展现状与未来愿景

［J］．水产学报，46（4）：706-717.

罗伟，2016. 超高压食品处理装置同步控制系统研究［J］．包装与机械，32：113-117.

苗全，2022. 科技支撑"梨树模式"又创新［J］．农村工作通讯，14：21.

邱丽娟，李英慧，关荣霞，等，2009. 大豆核心种质和微核心种质的构建，验证与研究进展［J］．作物学报，35（4）：571-579.

王卫华，平继辉，梅梅，2022. 禽流感疫苗研究进展［J］．中国家禽，44（7）：105.

王雨潇，李靖欣，刘沛，等，2021. 禽流感病毒研究进展及抗 H7N9 型病毒疫苗与抗体研究［J］．中华流行病学杂志，42（9）：1700-1708.

魏珣，葛群，洪登峰，等，2018. "十二五"时期我国现代农业技术研究进展［J］．中国农业科技导报，20（1）：1.

徐琰斐，刘晃，2023. 深蓝渔业发展策略研究［J］．渔业现代化，46：1-6.

姚斌，2021. 潍柴雷沃 P7000 大马力智能拖拉机荣耀发布［J］．农机质量与监督（11）：32-32.

应义斌，景寒松，马俊福，1998. 用计算机视觉进行黄花梨果梗识别的新方法［J］．农业工程学报，14（2）：221-225.

应义斌，陆辉山，徐惠荣．基于光特性的水果内部品质在线无损检测方法和装置［P］．国家发明专利号 ZL200610049984.8.

于喆，2014. 栉孔扇贝"蓬莱红 2 号"［J］．中国水产，10：47-48.

喻思南，蒋建科，2022. 开辟小麦高产育种新途径［N］．人民日报，2022-05-16（19）.

张启发，林拥军，王石平，2009. 绿色超级稻的构想与实践［M］．北京：科学出版社.

张天留，王泽昭，朱波，等，2023. 华西牛新品种培育及对我国肉牛育种的启示［J］．吉林农业大学学报，44（4）：385-390.

周俭民，2020. 小麦抗赤霉病利器—他山之石［J］．植物学报，55（2）：123.

本章主要研究人员

统稿人　杨经学　中国农村技术开发中心，副研究员
　　　　胡小鹿　中国农村技术开发中心，研究员
参与人　徐文道　浙江大学，副研究员
　　　　杨　振　齐鲁工业大学

第六章　农业科技领域"做科技事业"典型案例

党的二十大报告提出，坚持面向世界科技前沿、面向经济主战场、面向国家重大需求、面向人民生命健康，加快实现高水平科技自立自强。科技自立自强是提升供给体系质量、保障产业链供应链安全的关键，能够为构建新发展格局、实现高质量发展提供战略支撑。目前，我国已经成为具有重要影响力的科技大国。到2035年，我国发展的总体目标包括"实现高水平科技自立自强，进入创新型国家前列"。加快实现高水平农业科技自立自强，既是全面推进乡村振兴和农业农村现代化建设的战略支撑，也是建设社会主义现代化农业强国和科技强国的必然要求。在推动农业科技创新这一重要工作中，政府不是科技创新的主体，也不是解决重大关键核心技术问题的主体，政府的主要职能是为顶尖科学家、时代楷模、卓越工匠和大量的高素质产业技术人员等创新人才，以及高等院校、科研院所、创新型企业等法人单位提出方向、提供政策、提供条件、提供环境，而这些创新人才、法人单位和创新型企业正是我国农业领域"做科技事业"的重要主体力量。

一、创新人才的事业精神与作用发挥

乡村振兴战略实施的大背景和现代化农业的发展要求下，需要大量具有较强实践经验与科技创新思维的高水平农业人才。人才是创新的第一资源，是农业经济蓬勃发展的源头活水，是现代农业转型升级的重要支撑。推进农业高质量发展、建设农业科技强国，核心是要依靠农业科技现代化，归根结底是要依靠农业科研人才，如科技报国、服务人民的顶尖科学家，勇攀高峰、敢为人先的骨干科技人才，追求真理、严谨治学的卓越工程师，淡泊名利、潜心研究的大量的高素质产业技术人员。农业创新人才引领农业科技创新具有强大优势，他们是我国农业科技创新的主要参与者。不同于传统农业人才，农业创新人才所拥有的农业技术及农业知识皆处于优势地位,以传统农业技术为依托,以先进农业知识为主导,不断通过自身学识将传统的农业技术加以改进,在农科科技创新领域起到带头作用,通过对农业科学技术的创新,带动当地农业产业的发展。

(一) 俯身田野做学问,守护国家粮食安全

粮食安全是"国之大者"。党的二十大报告提出,坚持农业农村优先发展,坚持城乡融合发展,畅通城乡要素流动。扎实推动乡村产业、人才、文化、生态、组织振兴。党中央始终把解决好十几亿人口的吃饭问题作为治国理政的头等大事,提出了新粮食安全观,确立了国家粮食安全战略,全方位夯实粮食安全根基,牢牢守住十八亿亩耕地红线,以袁隆平、李振声、程相文为代表的一批农业科学家默默奉献,守护国家粮食安全。

1. 袁隆平

袁隆平,中国工程院院士,"共和国勋章"获得者,"杂交水稻之父"。袁隆平院士是中国杂交水稻事业的开创者,被誉为"当代神农"。回顾袁隆平院士的一生,他始终在农业科研第一线辛勤耕耘、不懈探索,为人类运用科技手段战胜饥饿带来绿色的希望和金色的收获。不仅为解决中国人民的温饱和保障国家粮食安全作出了贡献,更为世界和平和社会进步树立了丰碑。

1930 年(真实年份为 1929 年)袁隆平出生于北京,1949 年考入重庆相辉学院,1950 年并入西南农学院(今西南大学),1953 年毕业,分配至湖南省安江农校任教。新中国成立之初,农村贫穷落后,袁隆平在考入大学后,选择将"农业"作为一生的事业,正是出于想要改变农村落后局面的雄心壮志。1960 年,我国发生自然灾害,面临空前的粮食饥荒。袁隆平萌生了改良作物育种,提高粮食产量的梦想,自此开启了与"水稻"为伍的科研人生。

我国杂交水稻的培育历史并不算长,当时科研人员们面临着如何能够快速满足百姓吃饱饭需求的问题,其肩上的责任可想而知。袁隆平受"天然杂交稻"的启发,致力于研究水稻杂种优势利用。他从寻求天然雄性不育的水稻植株开启了杂交水稻的研究,于 1964 年和 1965 年分别在洞庭早籼、胜利籼、南特号等品种中发现了 6 株满足研究需求的雄性不育株,并进行了相应的人工杂交试验发现,的确有一些杂交组合具备优势现象。1966 年他在《科学通报》杂志上发表了《水稻的雄性不孕性》论文,奠定了杂交水稻技术的理论基础,描绘了通过雄性不育系、雄性不育保持系、雄性不育恢复系"三系"配套,取得杂交水稻研究成功的蓝图,在中国水稻研究史上独树一帜,成为杂交水稻

袁隆平始终在农业科研第一线辛勤耕耘、不懈探索

（图片来源：中国工程院官网，袁隆平、傅廷栋、方智远、程顺和荣膺"中国十大种业功勋人物"
https://www.cae.cn/cae/html/main/col37/2015-03/18/20150318164532235421063_1.html）

产量研究的一座里程碑。

袁隆平不仅是中国杂交水稻研发事业的开创者，而且一直是这一研究领域的带头人和领军人。1986年，他提出了杂交水稻育种方法从"三系法"到"两系法"再到"一系法"、朝着程序由繁到简而效率越来越高的方向发展，杂种优势水平从品种间到亚种间再到远缘杂种优势利用、朝着优势越来越强的方向发展的构想。两系法杂交水稻的研究引起国家高度重视，被列为国家"863"计划专题项目。两系法杂交水稻的成功是作物育种上的重大突破，也继续使我国的杂交水稻研究水平保持了世界领先地位。两系法具有育种程序简化、选到优良组合的概率大大提高的优越性，因此两系法具有广阔的应用前景。为了追求杂交水稻的高产、更高产、超高产，袁隆平进一步提出选育超级杂交稻的理论和方法，包括以高冠层、矮穗层、高收获指数为特点的株型模式和优良株叶形态改良与提高杂种优势水平相结合的技术路线，开展超级杂交水稻的研究。1997年，他发表《杂交水稻超高产育种》论文，从中展现在杂交水稻领域中科学预见已进一步强化的能力。此后，袁隆平还提出良种、良法、良田、良态"四良"配套主张，并促进第三代杂交水稻、耐盐碱杂交水稻等方面的研究，使杂交水稻研究一直保持世界领先地位。在袁隆平去世前20余年时光中，他老骥伏枥带领团队攻关，于2000年、2004年、2011年、2014年，分别实现了大面积示范每公顷10.5吨、12吨、13.5吨、15吨的目标。

如今，一季稻的纪录水平超过了亩产 1 200 千克（即每公顷 18 吨），双季稻超过了 1 600 千克。据统计，自 1976 年以来，杂交水稻在中国种植面积累计已达到 90 亿亩，累计增产稻谷超过 8 000 亿千克。每年种植杂交水稻所增产的粮食，可以多养活 8 000 万人口。

回顾 20 世纪，并非只有中国人民是吃不饱的，在世界的各个角落，尤其是同样以水稻为主食的亚洲国家，许多老百姓也依然生活在水深火热之中。袁隆平常说他有两个梦：禾下乘凉梦和杂交水稻覆盖全球梦。他始终践行他的两个梦想，努力实现杂交水稻的高产、更高产、超高产，并毕生追求"发展杂交水稻，造福世界人民"。这不仅是袁老个人的梦想，也是我国的大国担当和与全世界各国人民同呼吸、共命运的伟大精神的体现。我国杂交育种技术的突破与发展，正是因为科学家们有着心系人民的情怀，有着无私忘我的奉献精神。他们的科学研究，更多的是着眼于人民的需要，着眼于人类的需求及世界的发展。这种心怀天下的情怀，令人动容，也值得敬佩和学习。袁老对世界粮食事业作出的贡献让他获得了多个国际奖项，如联合国知识产权组织"杰出发明家"金质奖、联合国教科文组织"科学奖"、联合国粮农组织（FAO）"粮食安全保障奖"、以色列"沃尔夫奖"、美国世界粮食奖基金会"世界粮食奖奖"等，被国际水稻研究所誉为"杂交水稻之父"。这不仅是袁隆平个人的成就，也是我们每一个中国人与有荣焉的幸事，更是我国的大国责任和担当的最好体现，我们应当从中吸取源源不断的力量和智慧，成为我们共同的学习责任和担当。

2. 李振声

李振声，中国科学院院士，小麦遗传育种学家，农业发展战略专家，中国小麦远缘杂交育种奠基人，有"当代后稷"和"中国小麦远缘杂交之父"之称，是国家最高科技奖获得者，与我国"杂交水稻"之父袁隆平先生并称为"南袁北李""粮食界两泰斗"。李振声院士热爱祖国，品德高尚，一生为我国的小麦育种事业鞠躬尽瘁，为我国的农业发展做出了重要贡献，培养了一大批学术带头人和科技骨干。如今，他虽然年事已高，但仍活跃在我国农业科学研究的第一线，为我国的农业发展出力。

李振声 1931 年出生于山东省淄博市。1951 年毕业于山东农学院，1956 年从北京调往陕西杨陵中国科学院西北农业生物研究所工作。1990 年当选为第三世界科学院院士，1991 年入选中国科学院院士。李振声院士主要从事小麦遗传与远缘杂交育种研究，取得了令人瞩目的科学成就，先后获全国科学大会奖、国家技术发明奖一等奖、陈嘉庚农业科学奖、何梁何利科技进步奖、中华

李振声经历过祖国饥荒年代，奋发图强，立志让世界人民吃饱饭

（图片来源：中国科学院官网，国家最高科学技术奖 李振声
https://www.cas.cn/kxyj/kj/zg/2006n/lzs/）

农业英才奖等。他还关心我国宏观农业发展，针对国内出现的粮食生产问题，多次率领专家组调查研究，点对点、面对面地提出建议，积极研究解决方案，在关键时期起到了先锋作用。

李振声大学毕业后，因为成绩出色被分配到了中国科学院北京遗传选种实验馆（中国科学院遗传与发育生物学研究所前身）工作，当时负责的正好是牧草研究，这为他之后从事小麦远缘杂交研究奠定了基础。1956 年，我国小麦生产遭遇到重大危机，北方条锈病蔓延，锈病菌在小麦上形成大片的锈迹斑块，直接影响小麦的光合作用。一旦遇到这种病症，小麦轻则没有饱满的果实，重则直接枯萎死去。那一年，条锈病传染性强，危害极大，小麦产量大幅减少，我国的主粮安全受到严重威胁。恰在此时，祖国发起建设大西北的号召。为积极响应祖国的号召，李振声奔赴大西北的一个小镇开展工作，而那里正是条锈病最严重的地区之一。因为该病的大面积扩散，小麦已经减产 30% 以上，当地农民对此只能束手无策。

面对这种情况，提高小麦品种的抗病性成为科研人员的共识。大多数人的想法是通过小麦品种间杂交来提高抗病性。然而，李振声却有不同的看法，因为他考察过，现有的小麦根本没有抗病性极强的品种，即便如今能够成功，过了三五年，锈病菌变异，小麦田还是得遭殃。因此，他想要跳出这个圈子，寻找新的育种思路，长久地解决小麦抗条锈病性问题。

他想到了之前研究的牧草，牧草抗病性极强，就算不打理，依旧能长得郁郁葱葱，对于锈病菌免疫。因此，李振声想要将牧草的抗病能力，通过科学的手段，转移在小麦身上，一劳永逸。他从 800 多种牧草中，筛选出长穗偃麦草，用来跟小麦杂交。可是想法很完美，现实很残酷，科学研究从来都是一个漫长的过程，更何况生产周期比较长的农作物。在之后的二十多年里，李振声遭到了许多质疑。有人说他简直是在做梦，粮食与草杂交，这不是天方夜谭吗？还有人批评他"研究脱离实际"，浪费国家资源。为了保住自己的研究项目，他只能一边开展小麦品种间杂交，一边开展远缘杂交。经常在实验室里一干就是一整天。在研究小麦与牧草杂交过程中，他发现杂交后代不仅是个四不像，还容易出现分离。为了彻底理清前因后果，李振声开始钻研细胞遗传学，最终找到了问题所在。在 1979 年，李振声终于成功了。他培育的小麦与长穗偃麦草远缘杂交新品种"小偃 6 号"能同时抗 8 个条锈病生理小种，且产量高，品质好。小偃 6 号首次在陕西试种后，一举击败其他竞争者，成为主要种植品种。李振声也因此获得了全国科学大会奖。此时的李振声已经快五十岁了，一项研究，从满头青丝，到白发尽显，属实不易。截至 2006 年，小偃 6 号的推广种植面积达到 1.5 亿亩，增产 80 亿斤。这是我国远缘杂交品种小麦成功大面积推广的先例。这样大面积种植也使得小偃 6 号成为我国小麦育种重要骨干亲本，拥有 80 多个衍生的品种，截至 2003 年，全国累计推广 3 亿多亩，增产小麦逾 150 亿斤。

李振声院士还创建了蓝粒单体小麦和染色体工程育种新系统。为了有目的、快速地将外源基因导入小麦，他用远缘杂交获得的"小偃蓝粒"育成了以种子蓝色为遗传标记的蓝粒单体小麦和自花结实的缺体小麦系统；并建立了快速选育小麦异代换系的新方法——缺体回交法，为小麦染色体工程育种开辟了一条新途径。这项成果为他赢得了广泛的国际声誉。开创了小麦磷、氮营养高效利用的育种新方向。20 世纪 90 年代初，他从我国人多地少、资源不足的国情出发，开辟了提高氮、磷吸收和利用效率的小麦育种新领域，提出了以"少投入、多产出、保护环境、持续发展"为目标的育种新方向。通过系统鉴定筛选氮磷高效小麦种质资源，深入研究其生理机制与遗传基础，培育出可高效利用土壤氮磷营养的小麦新品种，并大面积推广。

农业发展战略专家是李振声院士的另外一个重要身份。他及时掌握粮食生产的实际情况，为国家农业发展提出过多个重要建议。为解决我国粮食生产问题做过一系列的报告，依据国情规划未来并付诸行动。他曾经在 1987 年提出黄淮海中低产田治理的建议，同时率先在中国科学院组织实施了"农业黄淮海战役",这对于我国粮食增产起到了重要作用。他还在 1995 年提出我国新增粮食 1 000 亿斤的潜力及对策,受到了我国领导人的重视。针对我国粮食生产在 1998—2003 年连续减产的情况,他提出了争取 3 年实现粮食恢复性增长的建议。2005 年的博鳌论坛上,李振声以"谁来养活中国?——自己养活自己"为题作了报告,以我国近 15 年农业发展的事实回答了美国世界观察研究所所长莱斯特·布朗提出的"谁来养活中国?"的问题。2011 年,围绕我国的粮食产量已经连续 7 年增产,李振声把目光投向环渤海三省一市的中低产田上,牵头提出建设"渤海粮仓",向盐碱地要粮。2013 年,中国科学院、科技部联合河北、山东、天津和辽宁启动实施了"渤海粮仓科技示范工程"。项目实施期间,累计在河北、山东、天津和辽宁示范推广 8 016.7 万亩,增粮 209.5 亿斤,节本增效 186.5 亿元,产生了显著的经济效益和良好的社会影响。2020 年,年近 90 岁的李振声根据在盐碱地多年的长穗偃麦草种植试验,他提出建设"滨海草带"的构想——通过种草养畜,实现我国环渤海地区难治理的 1 000 万亩滨海盐碱地的高效利用,以期解决我国盐碱荒地利用与当前我国严重依赖进口饲料粮问题。

如今 90 岁高龄的李振声院士仍然在自己的岗位上坚守着,他还在不停地培养下一代人,曾经食不果腹的样子让他知道粮食的重要性。农业需要革新,这不仅需要老一辈的研究,也需要新鲜血液的注入。进入 21 世纪之后,李振声院士多次在学术会议上为粮食安全发声,呼吁大家保护耕地,维持粮食的自给自足,引起了各界的广泛关注,李振声的努力,为了农民,也为了全人类能吃饱饭!

3. 程相文

程相文,全国先进工作者,劳动模范,获国家科技进步奖一等奖,2002 年荣获全国"五一"劳动奖章,被中央宣传部、中国科协等 6 部门授予 2020 年"最美科技工作者",与袁隆平、李振声等 10 人获得改革开放以来"中国种业十大功勋人物"荣誉称号。程相文主要从事玉米新品种选育和高产栽培技术研究,一生都在致力于保护中国人的饭碗。

尽管程相文的家庭在北方,但他却如同"候鸟"一般每年都南下。他的晚年原本应该是家人团聚、享受亲情的惬意时光,但他却把所有的时间都花在了玉米上。在海南省三亚市南滨农场和河南省鹤壁市农业科学院南繁基地附近的玉米地旁,程相文选择了一个活动板房作为他的办公场所以及住处。他把二层的小楼让给了年轻人,因为希望能离玉米更近一些,他说:"住在这里很方便,一打开门就是玉米田。"他的全部家具包括一张简陋的木板床和一套桌

半个多世纪与玉米为伍，程相文谦虚地说：自己一辈子只干了一件事
（图片来源：河南省科学技术协会官网，
https://www.hast.net.cn/personnel? id=22685）

椅，而他的科研笔记本总是被整齐地放置在桌面上。"一粒种子可以改变一个世界，一个品种可以造福一个民族"，这句话常常出现在程相文的笔记本的扉页上。这么多年以来他一直专注于玉米的这一项作物，每天都与玉米紧密相连，这句话在他的心中始终难以忘怀。

1963 年，程相文从中牟农专毕业后，到鹤壁市浚县农业局从事农业技术推广与研究工作，1977 年主持浚县农业科学研究所全面工作。长期扎根基层，在玉米育种坎坷不平的道路上留下了一行行拼搏者的足迹。尽管玉米是该地区的主导农作物，但其每亩产量仅为 100 斤。有一次，当他在村子里询问玉米的生长状况时，一位泪眼婆娑的大娘对他说："你是大学生，能不能想想法子让一亩地多打几十斤玉米？窝窝头管够，娃娃们也不会挨饿受罪了。"农民们的恳求深深打动了他，也使他找到了人生的方向，那就是为乡亲们找到高产的玉米种子。北方地区每年只能种植一季玉米，而在海南岛上再进行一季种植，这样一年可以种植两年，可以极大地减少育种的时间。在 1964 年，他抵达海南岛进行玉米种子的加代繁育，并将首批杂交种带回家乡供农民种植，每亩的产量高达五六百斤。村民们纷纷表示："小程带回来的是'金豆子'！"

"南繁南繁，又难又烦。"尽管海南拥有迷人的海岛景色，但在南繁育种的初期，该地区的经济状况相当落后，生活环境也特别艰难。尽管面临种种挑战，成千上万的育种者仍然怀揣着让百姓不再挨饿的简朴愿景，努力进行南繁。一开始，由于交通条件不佳，程相文需要在去海南的途中逗留半个月的时间。后来又赶上"三线建设"，他又要跑几十公里去接飞机……为了能有更多的机会和人才进入科研领域，他不得不离开家乡。除了自己寻找土地、耕种和进行研究，还需要走十多里（1 里＝500 米）路到公共厕所去挑粪和施肥。他在老乡的家中居住了超过 20 年的时间，早些年他还需要去山上砍柴和做饭，可以说他一边做农民，一边进行科学研究。立志一辈子干好一件事，南来北往数十载，满头青丝的小程成了鬓发染霜的老程。他成功地培育了 14 个高产的玉米新品种并通过了审定，特别是"浚单"系列在全国的推广面积超过了 4 亿亩。作为一名科研工作者，他深知科技是第一生产力。目前，程相文仍在努力研发具有更高抗逆性和更容易收获的高产品种。为此，他依然每天都在田间劳作，每当清晨的第一缕阳光破晓，他都会拿起他的科研笔记本，深入田地，仔细观察并记录下作物的各种特性。中午时分，他只是简单地吃了一碗面条，稍作休息后便返回了田野。他认为："育种就像培养孩子，亲力亲为才能熟悉它的优缺点，并不断改良让它'成才'。"多年以来，程相文始终在浚县深耕，对这片土地怀有深厚的情感，对浚县的居民也是情深意切。他始终铭记自己的原则，他的行动并非为了名誉或利益，而是为了人民的利益，他始终保持谦逊、谨慎、避免骄傲和急躁的态度。

程相文时常强调："老想着自己，将一事无成。"他是如此说的，也是如此做的。对人生持淡泊之心，追求内心的宁静和远大的目标。面对多次的晋升和被调回大城市的机遇，他始终保持冷静，宁愿在基层过着简朴的生活，并始终坚持和传承党的艰苦奋斗的精神。他的事迹曾在中央、省新闻单位刊登报道。程相文同志面对这些荣誉，却说："成绩只能说明过去，代表不了现在和将来，我要以此为动力，围绕当地经济发展和人民需求，充分发挥自己的特长，在有生之年，为当地人民再作新的贡献，作'三个代表'的忠诚实践者。"

程相文成功地主持承担了国家"863"计划、国家星火计划以及国家农业成果转化资金等多个项目，并连续创下了夏玉米 15 亩、100 亩、1 万亩、3 万亩和 10 万亩在国内相同面积内的最高单产纪录。他带领育种团队成功培育了"浚单"和"永优"系列玉米品种，并在全国范围内成功推广了超过 4 亿亩。功成不必在我，功成必定有我。这是程相文等功勋科学家的人生写照，也是所有年轻人需要学习的精神。一粒种子可以改变一个世界，一个品种可以造福一个民族。随着生产力的发展和生产对科技的要求，程相文为了科技事业发展，加速科技成果与市场接轨，促进产学研、育繁销一体化产业化发展进程，加快农业经济发展步伐。

　　程相文正以饱满的精神，用勤劳的双手绘制农业科技发展的宏伟蓝图，誓在有生之年把自己的聪明才智奉献给党和人民，为党和人民再创出新的佳绩。我们美好的生活，是许多像程相文这样的科技工作者、默默无闻的人给我们创造的，向"大国工匠"致敬！

　　【人物启示】在袁隆平的家中客厅，放着他亲手创作的一首诗歌："山外青山楼外楼，自然探秘永不休，成功易使人陶醉，莫把百尺当尽头。"这首诗不仅是袁隆平坚持创新、不断攻坚克难的精神写照，也深刻反映了为什么我们国家的杂交水稻能够持续领先于世界。袁隆平、李振声、程相文等老一辈科学家不断创新，让我国的水稻、小麦、玉米事业不断发展，多个研究领域领先于世界，这正是永攀高峰、敢为人先的创新精神。袁隆平曾经说过这样一句话："我不在家，就在试验田；不在试验田，就在去试验田的路上。"他对自己的学生也持有相似的"下田"标准，他最常对学生说的一句话便是："在电脑和书本中都不可能长出水稻，要想种植出优质的水稻，就必须走进田地。"一年365天，这个科研团队90%的时间都投入试验田。他每天坚持下田，把论文写在祖国大地上。袁隆平、李振声、程相文等老一辈科学家把时间都给了真心奉献的农业事业，脚踏实地，一步一个脚印地进步，这正是追求真理、严谨治学的求实精神。袁隆平、李振声、程相文在杂交水稻、小麦、玉米领域作出了杰出贡献，国内外的大奖项纷至沓来。在这些荣誉面前，他们并不满足，依然孜孜不倦地追求着更好的产量。也许在他们看来，获得大奖是一种荣誉，更是对自己辛勤工作的肯定。然而每当载誉而归后，都会将所有的荣誉、掌声和鲜花归零，然后再一次走进试验田，全身心地投入科学研究。老一辈农业科学家为解决人民的温饱问题，解决国家的粮食安全问题奋斗了一生，这正是胸怀祖国、服务人民的爱国精神。老一代的农业科学家所展现出的科研精神，不仅是中华民族高尚品格的集中反映，也是当代精神风貌的璀璨之作，更是社会主义核心价值观的经典示例。江山思国士，人去稻田丰。尽管袁隆平院士已经离我们而去，但他那不朽的精神仍然在人间回响，鼓舞我们追求更高的人生目标。作为一名科技工作者，我们要传承好这位伟大科学家的革命精神、科学精神和创新精神。我们应遵循习近平总书记的指示："对袁隆平同志的最好纪念就是学习他的精神。"

（二）勇于攀登技术高峰，打破国外技术封锁

　　党的二十大报告突出创新在我国现代化建设全局中的核心地位，将科技、

教育、人才统筹部署、集中表达，强调"必须坚持科技是第一生产力、人才是第一资源、创新是第一动力""坚持为党育人、为国育才""加快建设世界重要人才中心和创新高地""弘扬科学家精神，涵养优良学风"等，为新时代新征程做好科技、教育、人才工作提供了根本遵循。

在1872年，马克思在他的著作《资本论》中指出："在科学上没有平坦的大道，只有不畏劳苦沿着陡峭山路攀登的人，才有希望达到光辉的顶点。"这句名言深刻揭示了科研事业发展的规律和特点。习近平总书记多次引用这句话，激励广大的科技人员在科学研究的旅程中勇往直前，不畏困难，努力攀登到世界科技的顶峰。改革开放以来，我国农业科技事业取得了举世瞩目的成就。当前，在迈上全面建设社会主义现代化国家新征程，以中国式现代化全面推进中华民族伟大复兴的关键时期。方智远、郭三堆、傅廷栋等农业科学家展现了他们面对困难、追求卓越的决心，他们紧紧抓住了发展的大势，抢占了先机，勇敢地走出了"舒适区"，勇敢地进入了"无人区"，为实现高水平的科技自立自强贡献着自己的力量。

1. 方智远

方智远，中国工程院院士，蔬菜遗传育种学家，中国农业科学院蔬菜花卉研究所研究员。在甘蓝遗传育种研究领域，方智远作出了卓越贡献，打破了国外甘蓝种业垄断，结束了我国甘蓝品种长期依靠国外引进的被动局面，提高了甘蓝生产水平，创建了新的选育、繁殖和制种技术体系，形成了一整套自交不亲和、雄性不育育种新方法，为我国蔬菜产业和民族种业发展以及乡村振兴作出了里程碑式的贡献。

20世纪70年代，甘蓝作为我国的主要蔬菜之一，其主要的种植品种大部分是从国外引进的。在我国的华南地区，大多数种植的是从国外引进的中熟品种"黄苗"，这不仅需要每年投入大量外汇购买国外的种子，而且种子的质量和数量总是难以保证。1967年，外国商人借黄苗甘蓝种子不断刁难我们，包括使用提高种子的售价、降低种子的品质等恶劣手段。由于种子品质下降，当年我国南方百万亩甘蓝出现大面积只开花不结球的现象，给菜农带来了巨大的经济损失。针对外国商家的垄断局面，方智远与其他单位开展合作，在国内成功繁殖了与进口种子品质相当的优质黄苗甘蓝种子，并逐渐满足了生产需求，从而为国家节省了大量外汇开支。路漫漫其修远兮。在首次取得成功之后，方智远领导的科研团队再次踏上了甘蓝育种研究的新篇章。在大量引进国外品种的过程中他们发现，国外培育的甘蓝杂交一代，不仅比一般常规品种产量高，整齐度好，而且抗病性强。但拥有这项技术的国家对此严格保密，我国不能直

方智远在甘蓝遗传育种研究领域作出卓越贡献
（图片由中国农业科学院蔬菜花卉研究所提供）

接引进利用。要解决这个问题，就必须培育出我国自己的杂种一代品种。

1970年，方智远着手进行甘蓝杂种一代育种的研究。各项试验从整地、播种，到定植、施肥、浇水、授粉等，他和课题组成员都是倾力而为。北京的春天风沙大，常常沙尘满天飞，他们几乎天天都要在试验地里劳作。尤其是盛夏，头顶烈日，俯下身子，一株一株、一朵花一朵花地给甘蓝进行人工授粉。稍有几天空隙，还要经常奔波于北京郊区及山东、山西、河南、河北等地了解新品种的试验示范情况。辛勤的培育终于获得了丰硕的成果。1973年在国内率先利用自交不亲和系途径育成我国第一个甘蓝一代杂种——京丰一号，标志着利用自交不亲和系途径培育杂交一代这一先进技术在国内获得突破并逐步推广应用。这不仅结束了我国甘蓝品种长期靠国外引进的被动局面，而且也提高了我国的甘蓝生产和育种水平，对其他蔬菜作物杂种优势利用研究也起了重要的促进作用。

在成功收获第一个甘蓝杂交种之后，方智远领导课题组逐步培育出了适合春秋两季种植的报春、秋丰、双金、元春、庆丰、晚丰这6个早、中、晚期相匹配的优质品种。这解决了由于甘蓝品种单一导致的收获过于集中的问题，使得甘蓝能够在我国市场上四季可见。方智远带领团队与北京市农林科学院蔬菜研究所联手研发的成果"甘蓝自交不亲和系及其配置的新品种"在1985年荣获了国家技术发明奖一等奖。一分耕耘，一分收获，方智远在甘蓝育种这一领域已经持续不断地努力和准备，有了充分的前期准备和付出，他在甘蓝育种方面又一次开始面对新的挑战。自 20 世纪 80 年代起，方智远先后负责组织实施了国家"六五""七五""八五"国家科技攻关计划。在成功解决品种配套问题之后，他又将提升品种的品质、抗病性和抗逆性作为新的研究目标来攻克。以对事业的热爱、对工作的认真以及对科学的执着追求精神，带领科技人员历经千辛万苦，克服重重困难，通过科学的实践和不懈的努力，成功地培育出了国内首批具有抗病性的甘蓝品种，包括中甘 8 号、中甘 9 号，以及第二代春早熟甘蓝新品种中甘 11 号和第三代春早熟甘蓝新品种 8398。

方智远在全心全意地进行科学实验的过程中，非常注重将科研的成果迅速地融入实际生产活动。为了更好地推广甘蓝的新品种，中国农业科学院蔬菜花卉研究所在全国范围内建立了超过 30 个甘蓝新品种的繁种和示范基地，以及 30 多个优良品种的销售点。这些繁种、示范推广项目为推动我国农业科技进步作出了重大贡献。方智远领导课题组成员不畏艰难，亲自走访了北京、河北、河南、山东、山西、辽宁、云南等多个省（市）的生产基地，目的是确保优质种子能迅速地推广种植。他们在北京的花乡和四季青乡进行了多年的实地考察，并在海淀、丰台、通州、顺义、密云等多地建立了繁种基地和新品种示范基地，与众多的基层农技人员和农民建立了深厚的友情。为了帮助农民兄弟更快地掌握相关技术，他们通过典型示范和组织培训班等多种方式，教授了制种和栽培的相关技术。他们还建立了一套完整的甘蓝育种、繁种、区域试验方法，并通过区域试验和大规模示范推广了中甘系列品种。这使得甘蓝新品种能够迅速推广到 30 个省（区、市），累计推广种植面积占全国甘蓝总栽培面积的 50% 以上。

方先生一生为国为民，把自己毕生的智慧和精力全部奉献给了我国蔬菜产业，用自己的科技成果造福百姓，惠及千家万户。方先生一生始终遵守着他少儿时立下的"用科学使中国强盛起来"这一人生格言，带领团队选育出 30 多个甘蓝品种，推广到全国各地，大江南北，结束了我国甘蓝良种完全依赖国外进口的被动局面，使昔日的"洋白菜"成为中国大众餐桌的"大宗菜"。

2. 郭三堆

郭三堆，中国"抗虫棉"之父、中国种业十大功勋人物、全国五一劳动奖章获得者、全国先进工作者。郭三堆研究员成功培育国产自主知识产权单价、双价、三系抗虫棉，整体技术居国际领先，是棉花育种上的重大突破。利用国产抗虫棉种质，育成抗虫棉新品种 200 多个，累计推广 5.1 亿亩，减少农药用量 65 万吨，带动新增产值累计 650 亿元。国产转基因抗虫棉研发和产业化走出了我国转基因棉花自主创新的道路。

郭三堆半生从事生物育种，改变中国棉花育种
（图片来源：中国农业科学院官网，参观郭三堆研究员南繁基地实验室
https://bri.caas.cn/xwdt/kyhd/75748.htm）

"世上的花儿千千万，棉花是最美的那朵花。"每当提及棉花，中国农业科学院生物技术研究所的研究员郭三堆总是有许多话想要分享。"棉花全身都是宝，能产出纤维、油料、高蛋白，是纺织、化工原料和重要战略物资。"在棉花育种领域工作超过 30 年，成功突破了多个关键技术，设计合成了具有我国自主知识产权的抗虫基因的他，直到现在仍在不懈地研究和解读棉花的基因密码。

海南拥有热带和亚热带的气候特点，是中国最早开始种植棉花的几个地方之一，而且这里的棉属植物种类繁多。700 多年前，被尊为"布业始祖"的黄道婆来到崖州，向当地黎族百姓学习棉纺技术并发扬光大，"衣被天下"的美誉由此而生。至今为止，南繁热土已经成功培育出数百个棉花新品种。又到了南繁的季节，中国农业科学院的棉花育种专家郭三堆如约来到崖州区的南滨农场，开始了棉花的生物育种工作。这片热土，是郭三堆领导的抗虫棉科研攻关"大会战"的见证者。"中国抗虫棉的诞生是逼出来的。"郭三堆在回忆中提到，在 20 世纪 90 年代初期，我国经历了棉铃虫的大规模暴发，而传统的农药已经无法解决这一问题。由于严重的虫害问题导致了"棉荒"现象，纺织业作为当时我国主要的出口创汇途径，也因缺乏原材料而受到了严重打击。在这种情况下，国家决定从国外进口抗虫棉以弥补国内棉花供应不足的问题。彼时，美国的孟山都公司已经在 1991 年成功研发了 Bt 抗虫棉。尽管我国的相关机构与其进行了多次谈判，但由于他们严格的条件限制，我们未能成功引进美国抗虫棉。

面对棉农的强烈需求以及国外种业的持续压迫，国家决定启动抗虫棉的研究项目，并选择郭三堆作为该项目的负责人。从这里开始，一场覆盖南北各地并连接整个科研链条的抗虫棉研发"大会战"正式拉开了序幕。1994年，郭三堆率领的研究团队成功地研发出了抗虫棉，实现"从0到1"的突破，并在接下来的一年里开始了田间实验，在全国棉花育种界引起强烈反响。至此，我国终于拥有了自主知识产权的国产转基因抗虫棉，使我国成为继美国之后第二个拥有独立知识产权抗虫棉的国家。

郭三堆介绍，他的团队作为第一梯队负责抗虫基因的研制；第二梯队的科研单位负责将抗虫基因导入棉花；第三梯队是全国各地育种单位，用抗虫种质材料和当地生产品种杂交，培育出适合当地种植的新品种；种业企业作为第四梯队，对新品种进行产业化推广。虽然被称为"中国抗虫棉之父"，郭三堆却表示，我国抗虫棉研制成功是"协同作战"的成果。"全国上下齐心协力，上中下游紧密协作，互为人梯攀高峰。"目前，国产抗虫棉市场占有率从1999年的10%提升到2003年的50%，目前已达到99%以上。利用国产抗虫棉种质，育成抗虫棉新品种200多个，累计推广5.1亿亩，减少农药用量65万吨，带动新增产值累计650亿元，为我国棉花产业作出了重要贡献。

3. 傅廷栋

傅廷栋，中国工程院院士，国家油菜工程技术研究中心主任，作物遗传育种专家，华中农业大学教授。傅廷栋长期从事油菜研究，在中国国内首次育成甘蓝型油菜自交不亲和系及其杂种；在国际上首先发现波里马油菜细胞质雄性不育，并被国内外应用于育种实践；他主持育成华杂2号、华杂3号、华杂4号、华协一号、华油杂62等优质高产杂交油菜在生产上推广，其中华杂4号是2001—2004年全国推广面积最大的油菜品种。傅廷栋是国际油菜杂种优势利用研究开拓者之一，在发展杂交油菜方面作出了卓越贡献。

1972年3月20号对于傅廷栋来说，是他一生中永远不会忘记的一天。随着国际上"第一个有实用价值的油菜波里马雄性不育（Pol CMS）"的发现（Fang与Mcretty，1987），"为杂交油菜实用化铺平了道路……欧洲人毫无保留地将这归功于中国人"（Robbelen，1991），全球杂交油菜的育种工作翻开了新的一页。在那个时期，我国的油菜产量每亩仅为三四十千克，单产还不到发达国家的1/3。他坚信，利用杂种的优势来培养高产的品种，是增加油菜产量的最佳方法。鉴于油菜是雌雄同花的植物，要想成功配种，首先需要找到一种

傅廷栋与同事在油菜田里进行科研活动

(图片来源：中国工程院官网，这位 84 岁的"背包院士"，让盐碱地开出油菜花！

https://www.cae.cn/cae/html/main/col36/2022-06/22/20220622095906817226012_1.html）

雄性不育的油菜，这在当时是一个全球性的挑战，各国许多科研人员花费了二三十年的时间也未能取得成功。

自 1970 年起，傅廷栋与他的老师在学校的试验田和生产田中搜寻了超过百万株的油菜。他们逐株寻找，但始终未能找到。在科学研究的领域中，傅廷栋似乎总是比其他人更加专注和投入。尽管前景看似不明朗，但在确定了这一目标之后，他始终保持冷静，即使面对困境也没有轻易放弃。他说："我知道这个过程会很难，但我一直坚信自己的想法是对的。"1972 年 3 月 20 日，傅廷栋如同以往那样走进了学校的一个不显眼的试验田。当他走到种有"波里马"品种的资源圃时，意外地发现一株油菜的雌蕊是正常的，而 6 个雄蕊都是萎缩的。轻轻捏了一下花药，却没有花粉，就是典型的雄性不育，其兴奋、激动的心情，是可想而知的。多年后当他回忆起那个永恒的瞬间，一些细节仍然历历在目。

就这样，傅廷栋一共发现了 19 个典型的自然突变雄性不育株。而兴奋之下，他们开始担心，这个品种到底能不能用，这个特性能不能遗传下去，这些问题在当时都还是未知数。第二年，他把发现波里马雄性不育的材料，继续播种在校内试验田进行研究的同时，也提供给国内有关单位共同研究，1976 年湖南省农业科学院首先实现三系配套。1981 年，国内的几个研究单位和澳大利亚、加拿大合作，把波里马不育材料传到国外。1983 年第六届国际油菜大会在巴黎召开，会上一些研究过中国波里马雄性不育材料的外国学者认为它是最有希望应用于实践的油菜雄性不育类型。傅廷栋的发现也逐渐传到了国外，受到了国际研究者的肯定。1987年在波兰召开的第七届国际油菜大会上，傅廷栋受邀到会上作"油菜波里马雄性不育（Pol CMS）的发现与研究"的报告，得到参会的700位各国油菜研究同行热烈欢迎和高度评价。他们认为，中国的波里马雄性不育类型，是国际上第一个有实用价值的雄性不育类型。杂交油菜应用于生产的第一个十年（1985—1994年），全球各国共育成了22个三系杂交种，其中70%~80%都是利用傅廷栋团队发现的波里马雄性不育系育成的。

到了1991年，国际油菜研究咨询委员会授予傅廷栋国际油菜科学界的最高荣誉奖——GCIRC杰出科学家奖。从1985年设立至今30多年，傅廷栋是全世界获奖14人中唯一一位亚洲人，也是这个奖项获奖时最年轻的领奖人。多年后，有位外国学者问他："发现波里马雄性不育系是你，最近发现一个芥菜型油菜雄性不育系也是你，你有什么窍门。"傅廷栋回答说，"没有什么窍门。如果非要说一个的话，那就是我们搞农业研究，要多深入实际，多到田里去观察，才能发现问题，解决问题。"

盐碱地的整治始终是我国迫切需要解决的土地问题。傅廷栋从2007年开始耐盐碱油菜的研究，傅廷栋的团队从3 000多份油菜资源种筛选到40多份耐盐碱材料，筛选、育成华油杂62、饲油2号、华油杂158等耐盐碱油菜品种。在北方盐碱地示范种植，翻作绿肥（或作饲料过腹还田），改良盐碱地效果十分显著。"我们有18亿亩的耕地红线，但我们还有15亿亩的盐碱地，其中有5亿亩是可以被开发利用的。如果把这5亿亩合理利用起来，对于保障我国的耕地和粮食安全，是非常重要的。"

2010年张椿雨博士从国外学习归来，他向傅教授征求回国后的工作建议，傅廷栋对他说，目前四川已大面积发生根肿病，预计很快会在长江中、下游流行，建议他重点抓好根肿病研究。张博士愉快接受这一建议，2016年与傅廷栋等合作育成我国第一批抗根肿病油菜品种，全国植物病害专家现场鉴定，田间发病率抗根肿病品种不到3%，不抗病品种超过90%。目前已在长江中下游大面积推广，及时为生产上提供抗根肿病品种，并给全国提供抗病资源。荆门掇刀区熊店和马庙两村，常年油菜面积6 000亩，由于根肿病大都病死，农民不敢种油菜了，2017年只剩200亩。后来引进傅廷栋团队育成的抗根肿病品种，目前已基本恢复到年种植6 000亩，农民说"抗根肿病品种，挽救了我们的油菜产业"。

回顾往事，傅廷栋的神态始终是惬意和欢乐的，而这也是他几十年来对于油菜育种事业所秉持的态度。"搞农业研究虽然艰苦，但苦中有乐，艰苦是在工作上的，而我们的精神是愉快的。特别是看到农民种我们的品种，而且得到效益的时候，我简直比他们还要高兴。我们要乐在其中。"他说，"我也希望，把'乐在其中'这个词，交给年轻的科学家们分享。"

【人物启示】当前，我国种业正处于转型升级期，种业强国的梦想从未如此接近现实；同时，现代种业也从未面临如此多的挑战。方智远、郭三堆、傅廷栋等老一辈农业科学家，扎根民族种业沃土，顺应时代发展大势，勇于担当历史重任，心系民族种业发展，把自己毕生的智慧和精力全部奉献给了国家，在学习奋进中不断突破关键技术，他们身上所呈现的矢志不渝、献身事业的品质，将科技成果造福百姓，惠及千家万户。我们更应该学习他们执着梦想的精神，以梦为马，孜孜以求，在成绩面前永不自满，在挫折面前永不放弃；学习他们在合作中攻坚克难，在创新中实现突破，以志为友，团结奋斗的精神；学习他们强国富民的精神，以国为计，以民为念，把国家粮食安全记在心头，把农民福祉放在心上。作为后辈的我们要如老一辈农业科学家那般，立足于实际又胸怀长远目标的实干，摒弃好高骛远的空想，以永远奋斗、久久为功的坚定执着之心，让初心的种子在汗水的浇灌下结出硕果。

（三）助力脱贫攻坚战役，担当乡村振兴使命

打赢脱贫攻坚战是实现乡村振兴的前提和基础。瞄准特定贫困群众精准帮扶，激发贫困人口脱贫内生动力，不仅能促进区域经济"造血微环境"的修复与形成，也有利于社会大环境的稳定与和谐。当前，在全党全国各族人民迈上全面建设社会主义现代化国家新征程、向"第二个百年"奋斗目标进军的关键时期，以李玉、赵亚夫、赵亚夫、徐淙祥等为代表的一批农业科学家一直奋斗在农技推广一线，深入田间地头为农民解难纾困，指导农民朋友采用科学技术，走上富裕发展道路。

1. 李玉

李玉，中国工程院院士，俄罗斯科学院外籍院士，全国优秀科技工作者，吉林省科技助力乡村振兴专家服务团总团长。他是我国食药用菌领域唯一的中国工程院院士，是百姓口中的"蘑菇院士"，是让农民在蘑菇地里捡钢镚的"致富使者"，也是习近平总书记亲自颁奖的"全国脱贫攻坚楷模"。

要了解李玉与木耳等食用菌之间的缘分，必须从他读书的时候开始讲。李玉出生在山东一个充满书香的家庭，他自幼便开始学习琴、棋、书、画。从山东农业大学毕业后，他被分配到吉林省农业科学院白城农科所，脚踩土地，背

小菌物里的大情怀——李玉院士与他的食用菌产业强国梦
（图片来源：中国工程院官网，李玉：发展菌物种业，推进乡村振兴
https://www.cae.cn/cae/html/main/col338/2022-10/31/20221031111012767404837_1.html）

朝骄阳，一干就是 10 年。这 10 年，让他爱上了农业，养成了扎根土地的习惯。随后他考取了吉林农业大学微生物专业研究生，师从我国著名的真菌学家周宗璜教授，正式走进菌物世界。

在物资短缺和生产效率不高的时代背景下，我国的菌物学研究开始得相对较晚，并且面对着缺乏专业学科、专业教材和实践经验的"三无"困境。在导师组建的研究室，李玉逐渐展开各类菌物试验；在图书馆，他啃遍国外相关文献。作为菌物学领域的拓荒者，他汲取的知识宛若积少成多的柴火，让前进的路越发明亮。

自 20 世纪 70 年代末开始，李玉和学生们在全国各地调查菌物资源，对我国典型生态系统进行了菌物资源调查及系统分类研究，发表新种 130 余个，记录中国黏菌 430 余种，占世界已知种的 43%。出版两本黏菌学理论专著，完成《中国真菌志·香菇卷》编研。作为国际药用菌学会主席，他率领研究团队制作出全球 98% 以上的黏菌分子生物学标本。现在，世界上每 10 个黏菌新种，就有一个是中国人发现的。得益于他与菌物学研究人员几十年的共同努力，中国的菌物学研究逐渐与国际先进水平接轨，其存在感也日益增强。

对李玉来说，促进菌类产业的发展与进行科学研究和教育是三个同样重要的任务。授人以鱼不如授人以渔。在扶持各地产业发展时，"菌物学黄埔军校"也在不断壮大。到目前为止，李玉已经为超过 8 000 名技术骨干提供了培训。黄松甸镇干部崔成在他影响下深深爱上了食用菌栽培，退休后，加入李玉团队，跟随他奔走全国。

李玉研究发现，食用菌具有 "不与粮争地，不与地争肥，不与农争时"等特点，并且能够将农业废弃物转化为有价值的资源，推动循环经济的进一步发展，前景十分广阔。从 1978 年产量仅 5.7 万吨到如今年产量近 4 000 万吨，"小木耳" 和 "小蘑菇" 带动 3 万余户农民增收，创造直接经济效益近 300 亿元。木耳脆片、木耳冰激凌等深加工产品也逐步端上百姓餐桌。由于表现突出、成绩斐然，李玉获得 "全国脱贫攻坚楷模" 荣誉称号。

李玉院士 30 余年来致力于菌物科学与食用菌工程技术和产业化研究，将基础理论与应用技术相结合，以创新成果为依托，研究解决北方食用菌工程技术难题，促进了食用菌产业升级，建成了位居全国前列的菌类种质资源库。2022 年 4 月 22 日，习近平在陕西省柞水县考察时点赞 "小木耳 大产业"。李玉院士是 "小木耳，大产业" 的领路人，是国内 "南菇北移" "北耳南扩"等食用菌产业发展战略的首倡者，探索出 "科技专家+示范基地+农业技术员+科技示范户+辐射带动农户" 的食用菌科技扶贫模式，累计推广面积 50 多亿袋，创造直接经济效益近 60 亿元。帮扶 800 余个村，3.5 余万户贫困户实现彻底脱贫，年产值达 350 多亿元。"木耳院士" 的木耳梦，还在书写。

2. 李保国

李保国，河北农业大学教授，博士生导师，中国知名经济林专家，山区治理专家，全国先进工作者，全国优秀共产党员，全国优秀科技特派员，燕赵楷模、时代楷模，改革先锋，人民楷模。李保国完成山区开发研究成果 28 项，推广了 36 项林业技术，示范推广总面积 1 080 万亩，累计应用面积 1 826 万亩，累计增加农业产值 35 亿元，纯增收 28.5 亿元，建立了太行山板栗集约栽培、优质无公害苹果栽培、绿色核桃栽培等技术体系，培育出多个全国知名品牌，走出了一条经济社会生态效益同步提升的科技扶贫富民新路，被村民誉为"太行山上的新愚公"。

1978 年，李保国考入了河北林业专科学校。3 年后，毕业留校任教的他上班仅十几天就扎入太行山区，搞起山区治理，一心要带百姓脱贫致富。

初进太行山，他就选择了当时最穷最荒的河北邢台县（今邢台市）前南峪村搞起了开发试点，跟石头山 "较起了劲儿"。一个月后，李保国采取 "山中造地" 的办法聚集土壤和水流取得成功。前南峪的土厚了、水多了，树木栽植成活率从原来的 10% 一跃达到了 90%。李保国因势利导，引导农民栽苹果、种板栗。农民不会种，他舍得下 "笨功夫"，面对面讲、手把手教、一家

李保国把一生心血奉献给经济林果事业

（图片来源：河北农业大学林学院官网，李保国教授被授予"改革先锋"称号

https://linxue.hebau.edu.cn/info/1084/1108.htm）

一户盯着人种，几年下来前南峪不仅成了远近闻名的富裕村，还成了"太行山最绿的地方"之一。

1996 年 9 月，李保国果断地前往受灾严重的内丘县岗底村，住进了村委会里一间简陋的办公室。在与岗底村全体干部的第一次见面会上，他庄严承诺：不拿村里一分钱，用苹果产业使村民们富起来。为此，李保国在村子里连续居住了 9 年，不分昼夜地进行实践和研究。为了推行苹果套袋技术，他自掏腰包买来 16 万个果袋，说"套袋减了产，赔了是我的，赚了是大家的"。

他创立了 128 道苹果生产工序，首次实现优质无公害苹果生产的标准化。如今仅靠种苹果这一项，岗底村人均年收入就有 3 万多元。经过李保国和团队手把手地教技术，现在岗底村有近 200 名果农获得国家果树工技能证书。

通过广泛调研，李保国发现当时市场奇缺的是薄皮核桃，而临城县的丘陵地带的自然环境是种植早实薄皮核桃的最佳之地。经过多年的努力，李保国及其团队成功地创新并推广了 36 种农业实用技术，帮助山区农民实现增收 58.5 亿元，带领 10 多万群众脱贫致富。他还主持完成了 9 部教材的编写；承担着多门博士研究生、硕士研究生和本科生的课程，全年达 416 学时；先后获国家级、省部级数项科技进步奖和突出贡献奖；他曾指导了 67 位硕士研究生，其中大部分成功被录取为博士研究生。李保国完成山区开发研究成果 28 项，推广了 36 项林业技术，示范推广总面积 1 080 万亩，累计应用面积 1 826 万亩，累计增加农业产值 35 亿元，纯增收 28.5 亿元。建立了太行山板栗集约栽培、优质无公害苹果栽培、绿色核桃栽培等技术体系，培育出多个全国知名品牌，走出了一条经济社会生态效益同步提升的依靠技术集成创新扶贫富民的新路。

2016 年 6 月，中共中央总书记、国家主席、中央军委主席习近平对李保国同志先进事迹作出重要批示，指出："李保国同志 35 年如一日，坚持全心全意为人民服务的宗旨，长期奋战在扶贫攻坚和科技创新第一线，把毕生精力投入山区生态建设和科技富民事业之中，用自己的模范行动彰显了共产党员的优秀品格，事迹感人至深。李保国同志堪称新时代共产党人的楷模，知识分子的优秀代表，太行山上的新愚公。广大党员、干部和教育、科技工作者要学习李保国同志心系群众、扎实苦干、奋发作为、无私奉献的高尚精神，自觉为人民服务、为人民造福，努力做出无愧于时代的业绩"。李保国教授 35 年科技创新富民的先进事迹及其蕴含的李保国精神正在激励着包括河北农业大学教师、"李保国山区开发与林果产业创新团队"国家级创新团队成员在内的广大农业科技人员，奋战在巩固脱贫攻坚成果与衔接推进乡村全面振兴战场上，为加快建设农业强国贡献出自己的力量。

3. 赵亚夫

赵亚夫，全国脱贫攻坚楷模、农技专家。赵亚夫把"论文"写在祖国大地上，把致富百姓作为毕生的追求。他先后引进推广种植了 180 万亩的应时果品，给农民带来 25.5 亿多元的收益；他创新产销模式，帮助农民建立了"赵亚夫农产品合作联社"等专业协会和合作社 50 多家。习近平总书记为赵亚夫颁授全国脱贫攻坚楷模奖章，并勉励他"把成绩写在大地上"。

1958 年，中学毕业的赵亚夫选择了宜兴农林学院。宜兴农林学院是为开发江苏丘陵地区农业而设，而此时，赵亚夫还不知道 40 年后自己将会成为江苏丘陵地区农业开发的一位代表性人物。

赵亚夫是农民的儿子，出身农家，农学为业，他谙熟农民的思维、农民的习惯、农民的局限以及与农民打交道的方法。在学生时代，赵亚夫就有了与农民同吃、同住、同劳动的工作思路，这一工作思路被他延续至今。但促使赵亚夫一辈子扎根田头的并非只是对农民朴素的感情，而是他对中国"三农"现状的理性思考，以及立志改变现状的决心。1982 年，赵亚夫等人被组织派到日本学习水稻栽培技术，这是他自 1961 年从事农业工作以来第一次接触现代农业。从此，他将前 20 年"与农民同吃同住同劳动"的工作思路与从日本引进的现代农业技术相结合，走出了一条符合中国国情的农技推广道路，改变了丘陵地区农业、农民和农村面貌。一位与赵亚夫非常熟悉的友人评价，作为

"大地活雷锋"赵亚夫：让农民致富有奔头

（图片来源：丹徒区人民政府官网　赵亚夫率团队来江心调研指导柑橘种植

https://www.dantu.gov.cn/dtjxz/xxgk/202011/2550c74dc7c64851ab1b1d45d95852db.shtml）

一名农业科技工作者，在赵亚夫身上，体现了一种超前的意识。在日本研修，赵亚夫看到日本发展农业的自然地理条件与镇江市丘陵山区相仿，他把日本农业的理念带回镇江，在镇江运用推广。

在赵亚夫身上有一种勤于实践、务实创新的精神。赵亚夫是一个踏踏实实做事的人，他把"行"与"知"很好地结合起来。他通过到日本等农业先进国家努力学习，在茅山老区一点一点推广运用，并一项一项获得成功。以草莓的引进为例，草莓苗带回来了，赵亚夫随即带领农科所人员投入试种，露天草莓第二年便在白兔镇获得成功。此后，他先后18次去日本，带着农技人员，带着课题，到日本的田间地头实地学习考察；带着5位农民种植大户，和日本农民面对面交流，开阔他们的眼界。平时，他与日本友人保持密切联系，不断学习和应用日本的先进农业管理技术。一批批高科技农业成果在句容的丘陵山区生根开花：冷藏育苗技术，使草莓提前一个多月上市；冬季大棚，采用蜜蜂授粉，提高亩产量10%~20%；复合种养模式，改变了施肥方式；草莓、水稻轮作，改善了土壤……

赵亚夫的市场经济意识很强，注重走高效农业之路，这非常适合农民增收。无论草莓种植，还是葡萄园建设，无论倡导有机农业圈，还是推广有机稻米种植，他都瞄准市场推广农业技术，着眼提高农民收入。

"有志者，事竟成。"赵亚夫虽然不是出身名校，也没有傲人的学历，却凭着一份理想与信念，用毕生精力始终走在农业科技的前沿，把学术科研论文"写"在广袤的田野上。几十年来，赵亚夫与农民一样在地里摸爬，做给农民看，带着农民干，帮助农民销，实现农民富。赵亚夫始终无私地协助农民走向富裕，过去的十多年里，他从未依赖自己掌握的技术、新引进的项目或所创造的价值来追求个人的利益。他每年都为农民无偿授课超过百次，撰写了超过百万字的实用科技书籍，引导并协助百万农民走上了富裕的道路，但他从未接受过农民的任何金钱或额外报酬。几十年来，赵亚夫的农业科技项目送到哪儿，致富的种子就播到哪儿。他所推广的农业新品种和新技术已经覆盖了超过250万亩的土地，带领群众走出了一条苏南丘陵山区脱贫致富的小康之路。

4. 徐淙祥

徐淙祥，第十二、十三届全国人大代表、全国劳动模范、全国种粮标兵、全国科技兴村带头人。习近平总书记、全国政协原主席汪洋、农业农村部原部长韩长赋、中共安徽省委原书记李锦斌等中央和省市领导、农业专家先后深入徐淙祥现代农业示范田考察调研，均给予很高评价。

种粮大户徐淙祥：五十载耕耘与收获

(图片来源：安徽省国土空间规划研究院官网　种粮大户徐淙祥带领调研组察看现代农业种植专业合作社
https://zrzyt.ah.gov.cn/ztlm/ahtdw/zrzybjhgdzybhystxfzdsys/xwdt/148049681.html)

1972年，徐淙祥完成了高中学业，但他并未选择进入城市担任干部，而是选择回到村里做农民。"人什么时候都要吃饭，把粮种好，比干啥效益都大！"徐淙祥心想。在那个时期，我国的小麦产量每亩不超过300千克，但在发达国家，这一数字可以达到 500 千克。"人家粮多人少，俺们粮少人多，凭啥俺们不如人家？"徐淙祥心里不服气。从此，他一头扎进农技研发领域，一干就是 50 多年。

徐淙祥主推"良种良法"，在近 40 年前就率先搞起了对照试验。多年来，他通过杂交逐年选育，培育出了具有自主知识产权的太丰 8 号、太丰 3 号小麦新品种和太丰 6 号高蛋白大豆新品种，在安徽广泛推广应用。

逐渐成长为乡镇农技带头人的徐淙祥，接连承担了一系列国家级、省级示范项目，由他牵头成立的淙祥现代农业种植专业合作社，为本村及周边的 2 000 多户贫困家庭带来了连续的丰收，脱贫致富。每次徐旭东像他的前辈们那样使用烘干设备进行"考种"，那释放出的香气总是让他回忆起自己的童年时光。在 2018 年，徐旭东完成了他的大学学业。"毕业前，爷爷给我打了个电话，说你只管回来种粮，党和国家不会亏待你。撂下电话，我就回来了。"尽管大学学的不是农学相关专业，但每年寒暑假他都会回来帮农、开拖拉机、飞无人机、使用精密天平、操作叶绿素测量仪……现在，徐旭东是科技特派员工作站农业试验室主任，负责与农科院等单位合作制定各项试验计划，并进行试验管理、取样调查等。在父亲徐健手中，老徐家流转的 1 230 亩土地从"1.0 时代"迈向"2.0 时代"，全面实现了机械化，千亩小麦两天就能收完。如今接过棒的徐旭东，已经瞄准了"3.0 时代"—智慧农业。"现在已经构建了一些智慧农业设施，未来我的目标是建成一座大型无人智慧农场。"目前，徐旭东正忙于将他的同龄人从城市喊回来，寄望与更多的年轻人共同从事农业活动。

"太和淙祥小麦科技专家大院"由徐淙祥于 2010 年牵头成立，太和县科技、农业等部门参与组建。"专家大院"成立以来，省、市、县农业专家纷纷入驻，全力开展小麦种植技术攻关，并为当地农民提供技术指导等服务。2022 年夏收，"专家大院"显得特别繁忙。阜航麦 1 号的平均每亩产量为 811.29 千克，而皖垦麦 22 的平均每亩产量为 818.52 千克，实现历史性丰产丰收。格外热闹，更因为总书记的重要回信。"总书记在回信中说，'我记得你这个安徽太和的种粮能手。得知你家种植的小麦喜获丰收，儿孙也跟着你干起了农业，我感到很高兴'。真没想到总书记还记得我这个老农民！"接过回信，徐淙祥激动极了。

这些年，徐淙祥在科技兴农大道上，以"大院"为依托，主持和参与研制新技术、新成果 32 项，终于在 2022 年成功突破 800 千克大关。2022 年秋天，徐淙祥的千亩大豆优质高产示范田又取得平均亩产超 240 千克的好收成，百亩连片大豆亩产超过 305 千克,创历史新高。2022 年 9 月 14 日,69 岁的徐淙祥代表安徽省参加"大国农匠"全国农民技能大赛,荣获种养能手类一等奖。

【人物启示】李玉院士率领食用菌科技创新团队,坚持走农科教、产学研和科技扶贫相结合的道路,用小蘑菇撑起大产业,让老百姓吃上更健康、更放心的好蘑菇。李保国始终坚持以群众利益为出发点,不斤斤计较个人利益得失,终身奉献于社会,始终服务于农民、农业、企业,把淡泊名利、无私奉献化为自己的信念动力和自觉行动。赵亚夫一生惠农兴农,在他身上呈现的为民服务之心,逐渐"让农民收获满屋财富"的梦想,很好地完成了党对人民的承诺、科技工作者对土地的承诺,进而形成了独属于他的模范"亚夫精神"。徐淙祥带着总书记的嘱托,全身心投入农业新技术示范推广,在创业初期就注重产品的创新和研发,努力发挥现代科技强农、机械强农的优势和模范引领作用,实现了农业丰产丰收。李玉、李保国、赵亚夫、徐淙祥等先辈们的事迹,使得无私奉献这一精神的核心在他们身上得到了完美的诠释,深深激励着后代们为之奋斗的决心。从儿时梦想到青年求学,从田间躬耕到论坛畅想,从创业艰辛到事业辉煌,每一步都深深镌刻着种业人执着的印迹,传递着种业人的无私与梦想,传递着无穷的正能量。他们展现了当代种业人勇于担当的责任感和使命感,脱贫攻坚的劳模精神,还集中体现了我国当代知识分子忧国忧民、造福人类的宏大抱负,自强不息、勇攀高峰的创新精神,不畏艰辛、迎难而上的奋斗意志以及淡泊名利、奉献社会的思想境界。新时代的青年需要以他们为榜样、以他们的精神为宗旨不断督促自己,不断提高自己的素质和能力,为推动农业现代化、实现乡村振兴贡献力量。

二、法人单位的创新力量与作用发挥

高等院校、科研院所、创新企业等法人单位,在农业科技创新事业中发挥着巨大的推动作用,如高等院校提升基础研究原创能力,培养全方位复合型人才;科研院所专业精深久久为功,加强实验室平台建设;创新企业坚持应用场景驱动,加快攻关产品推广应用等。在"做科技事业"中,企业离市场最近,对市场需求反应灵敏,实施创新驱动发展战略的动力更足,天然具有联结科技与产业的动力与优势。为了进一步跨界整合、充分挖掘资源优势,企业也通过与科研院所、高等院校以项目合作、共建研发机构、共建学科专业等方式开展合作,这种更大规模、更有效率、供需双方紧密互动和自愿协作的协同创新体系，能有效夯实产教深度融合和经济高质量发展的基础。

（一）扎实推进学科平台建设

党的二十大报告对中国式现代化作出深刻论述，擘画了以中国式现代化全面推进中华民族伟大复兴的宏伟蓝图。党的二十大报告还强调"加快建设农业强国"，到2035年基本实现农业现代化。教育现代化是中国式现代化的重要内容和关键支撑。就农业教育而言，要在教育现代化和农业现代化双重驱动下，加快构建中国特色农业教育理论、话语体系、学科体系，探索农业教育和农科人才培养的新路径，努力破除教育评价制度的"顽瘴痼疾"，扎实推进学科平台建设，推动新农科建设加快发展。

1. 中国农业大学

中国农业大学强化"知农爱农"情怀教育的重要性，在育人实践中，涉农高校把耕读教育作为农林人才培养的重要抓手，切实落实教育部出台的加强耕读教育的工作方案，将思政工作和耕读教育有机结合。同时也注重优化学科专业布局，将现代生物技术、信息技术、工程技术等融入传统农科专业人才培养，并重构其知识体系成为新农科专业建设的重要改革实践。在人才培养模式改革中不断深化，扎实推进学科平台建设，做了探索卓越农林人才分类培养模式，推进拔尖创新人才培养探索，设立人才培养特区和探索本硕博贯通拔尖人才培养模式等实践。

截至2023年8月，学校36个专业入选国家一流本科专业建设点，18个专业入选省级一流本科专业建设点，占校内可参评专业的90%。2个专业入选北京市重点建设一流专业。学校拥有生物科学拔尖学生培养计划2.0基地、生物学和化学2个国家理科基础科学研究和教学人才培养基地、1个国家生命科学与技术人才培养基地、2个国家人才培养模式创新实验区和1个国家生物育种产教融合创新平台。学校拥有3个国家级实验教学示范中心、3个国家级虚拟仿真实验教学中心、3个国家级农科教合作人才培养基地和6个北京市实验教学示范中心。学校建立校级—省部级—国家级三级教学名师培育体系，共有国家级教学名师4人、省级教学名师51人和校级教学名师72人，建成45门国家级一流本科课程、4门国家级课程思政示范课程、8门北京市高校课程思政示范课程和27门北京高校优质本科课程。

学校拥有全国重点实验室、国家工程实验室、国家工程技术研究中心、国家级研发中心、国家级国际联合研究中心、国家野外科学观测研究站等17个国家级科研平台；拥有省部级重点实验室/研究中心/基地、国际科技合作基地、科技示范展示基地、部级野外科学观测实验站、省部级综合试验基地等125个省部级科研平台。"十三五"以来，学校主持国家重点研发计划项目123项；主持国家社会科学基金重大项目16项，教育部哲学社会科学研究重大课题攻关项目2项。现有国家现代农业产业技术体系首席科学家8名，获国家级科技奖励31项，获省部级科技奖励254项。

2. 江南大学

近年来，江南大学秉承"选择性卓越"的学科建设理念，建立了良好的学科生态环境。建有6个博士后流动站，7个博士学位授权一级学科，28个硕士学位授权一级学科以及6个硕士专业学位授权类别。食品科学与工程、轻工技术与工程2个学科入选国家"双一流"建设学科名单；建有江苏高校优势学科建设工程立项学科4个，"十三五"江苏省重点学科3个。第四轮一级学科评估中，2个学科位列A+，1个学科A-。在ESI全球影响评价排行榜上，学校10个学科进入全球前1%，其中以食品学科为主要依托的农业科学跻身前万分之一。2023年软科世界一流学科排名中，江南大学17个学科上榜，其中食品科学与工程学科已连续五年排名位于世界第一，纺织科学与工程学科排名首次位于世界第二，生物工程学科入围世界前二十，国内排名第六。

学校坚持立德树人根本任务，大力培养高素质创新型专门人才。拥有国家级综合改革试点专业4个，特色专业建设点15个，国家级一流本科专业建设点37个；教育部卓越工程师、卓越农林人才教育培养计划专业10个，教育部"新工科""新农科""新文科"研究与实践项目23项；国家级创新创业教育实践基地1个，国家级人才培养模式创新实验区（含国家生命科学与技术人才培养基地）5个，工程实践教育中心及实验教学示范中心8个；国家级精品课程（含精品视频公开课、资源共享课及精品在线开放课程）28门，国家级一流本科课程19门，国家精品、规划教材56部；国家级教学成果奖15项，其中一等奖2项。学校积极探索拔尖创新人才的培养路径，成立至善学院。16个本科专业通过工程教育、临床医学、师范类专业认证，食品科学与工程专业在亚洲率先通过美国食品科学技术学会（IFT）国际认证。

江南大学的食品科学与工程学科在我国同类学科中创建最早、基础最好、覆盖面最广，2007年被遴选为食品领域唯一的国家一级重点学科，现拥有食品科学与资源挖掘全国重点实验室、粮食发酵工艺与技术国家工程实验室、国家功能食品工程技术研究中心、益生菌与肠道健康国际联合研究中心（食品领域唯一）等5个国家级平台，累计获得国家级科技奖励19项。食品学院的食品科学与工程学科在2009年、2012年、2017年的全国教育部学科评估中位列第一（A+），于 2017 年入选国家"双一流"建设学科。江南大学食品科学与工程学科注重夯实科学研究基础，充分依托科研平台和科研团队，科研创新能力与产业服务水平全面提升，在近五年来，获国家、省部级以上科研奖励 40 余项，其中国家级奖励 7 项（国家技术发明奖二等奖 4 项，国家科学技术进步奖二等奖 3 项）；近五年承担各级各类科研项目 800 余项，其中国家重点研发计划项目（课题）、国家自然科学基金项目在内的国家级项目 190 余项。年均科研经费总量突破 2 亿元，年均 SCI 论文数量超过 600 篇，共申请发明专利 1 000 余项，获得发明授权专利 910 项（国际专利 60 余项），接受国家电台及省市级电台采访 20 余次。

【案例启示】中国农业教育在发展中逐步建立起了中国化的研究范式，形成了较为完整的概念和对农业教育规律的认知，为中国农业教育理论创新奠定了基础。为了更好地推进中国农业教育的进步，我们需要深入探讨农业教育与建设农业强国之间的紧密联系，并全面研究农业教育与农业农村现代化之间的相互作用和规律；对农业教育和教学的独特规律进行研究，以丰富关于培养知农爱农新型人才的教育和教学理论；研究农业教育教学的新体系新形态，为建设世界一流农业大学提供指导，还需把握农业教育的特殊规律和需求，建设符合中国实际的农业大学形态。强化学科平台建设是加快高校发展的重要举措，通过建设农业大学学科平台，高校可以集中资源，加强与企业、科研机构的合作，提高学科竞争力，促进创新发展，积极对接行业需求，加强与地方经济社会发展的紧密联系。同时，学科平台的建设可以推动高校创新成果的转化和产业化，提升高校在科技创新和人才培养中的影响力。

（二）深入推动科研组织模式创新

党的二十大报告强调，必须坚持科技是第一生产力、人才是第一资源、创新是第一动力，深入实施科教兴国战略、人才强国战略、创新驱动发展战略，开辟发展新领域新赛道，不断塑造发展新动能新优势。2022 年 8 月，教育部印发《关于加强高校有组织科研推动高水平自立自强的若干意见》，就推动高校充分发挥新型举国体制优势，加强有组织科研，全面加强创新体系建设，着力提升自主创新能力，服务国家科技自立自强作出部署。大力提升原始创新能力，既要强化研究能力等硬实力，更要提升科研组织模式等软实力。

1. 中国科学院"黑土粮仓"先导专项

2010 年 3 月 31 日，国务院第 105 次常务会议审议通过了中国科学院"创新 2020"规划，其任务之一是由中国科学院组织实施战略性先导科技专项。

先导专项是中国科学院发挥建制化优势，组织院内外优势力量，共同实施的跨学科、跨领域的重大科技任务，致力于突破带动技术创新、促进产业革命的前沿科学问题；突破提高健康水平、保障改善民生、破解资源环境瓶颈制约的重大公益性科技问题；突破增强国际竞争力、维护国家安全的战略高技术问题；促进技术变革和战略性新兴产业的形成发展，服务我国经济社会可持续发展，取得世界领先水平的原创性成果，占据未来科学技术制高点并形成集群优势。先导专项分为A、B、C三类，A类先导专项紧扣国家重大战略需求，侧重于突破战略高技术、重大公益性关键共性科技问题，重点消除"心腹之患"，产出重大战略性技术和系统解决方案，促进技术变革和新兴产业的形成发展，服务经济社会可持续发展和国家安全。B类先导专项聚焦国家战略需求和科学前沿重大问题，开展定向性基础研究，突出原创性、引领性和学科交叉，强化应用牵引、突破瓶颈，取得世界领先水平的原创性成果，占据未来科学技术制高点，并形成集群优势。C类先导专项针对产业发展最紧急最紧迫的"卡脖子"问题，突出应用导向和产学研合作，重点解决"燃眉之急"，取得关键核心技术和产品突破，有力支撑产业链供应链安全自主可控。

"黑土粮仓"先导专项深入贯彻落实习近平总书记关于黑土地保护与利用的系列重要指示精神，以"把黑土地用好养好"为目标，对接粮食安全、农业现代化、乡村振兴、东北振兴等国家战略，发挥中国科学院学科体系完备、具备组织农业攻关会战经验、在黑土监测利用保护领域有长期积累等方面的优势。瞄准"把黑土地用好养好"的重大理论需求和技术短板，开展"监测评估、机理揭示、技术研发、模式构建"四大领域的科学攻关。系统调查黑土地土壤资源现状，建立土壤资源清单；揭示黑土退化与阻控机理，突破黑土地健康保育与产能提升技术，建成黑土地资源环境监测与感知体系；研发智能农业关键技术和装备，构建智能化管控系统与决策支持平台；建立黑土地保护性利用长效机制，并开展适用不同区域类型的黑土地现代农业发展综合示范。

在实现黑土地保护的前提下保证粮食稳产与增产，"黑土粮仓"先导专项为科技支撑我国"黑土粮仓"建设提供长远战略服务，为国家提供支撑东北黑土地农业现代化发展的"中国科学院系统解决方案"；实现"打造建制化黑土地保护国家战略科技力量、形成不同黑土地类型全覆盖现代农业系统解决方案、实现黑土地保护与利用平衡"的重大创新目标。

"黑土粮仓"先导专项六大攻关任务如下。

任务一：黑土地土壤退化过程与阻控关键技术

任务二：黑土地健康和保育技术

任务三：黑土地产能和质量提升的现代生物学技术

任务四：黑土地智能化农机关键技术研究和装备

任务五：黑土地资源环境天—空—地一体监测与感知体系

任务六：用好养好黑土地的智能化管控系统与长效机制

黑土地保护与利用不仅是当下端牢中国饭碗、保障粮食安全的重大政治责任，也是新一轮千亿斤粮食产能提升行动的重要发力点，更是落实习近平总书记重要指示批示精神的重要内容。接下来，中国科学院将在中国科学院党组统筹指导下，持续开展集中攻关，为用好、养好黑土地提供更好的系统解决方案，推动我国粮食产能迈上新台阶，在农业强国建设中发挥中国科学院力量。

2. 中国农业科学院创新工程

中国农业科学院科技创新工程于 2013 年在农业农村部和财政部的大力支持下启动实施，分为试点期（2013—2015 年）、全面推进期（2016—2020年）和跨越发展期（2021—2025 年）三个阶段。目的是以机制创新撬动院所改革，以稳定支持增强创新能力，以重大成果驱动农业农村发展。科技创新工程是国家支持中国农业科学院长期稳定开展农业科技创新的重大举措，体现了国家对农业科技的高度重视。

十年来，中国农业科学院立足职能定位和优势特色，将科技创新工程作为"一号工程"，大胆深化内部改革，探索建立了紧密结合"四个面向"的三级学科体系，以科研团队为创新单元的科研组织模式，以稳定支持为核心的科研投入机制，以联合攻关为特征的重大任务机制，以科研产出为导向的绩效管理机制，以建设一流院所为目标的现代院所制度等"六大管理机制"，人才保障能力、平台支撑能力、科技创新引领能力、国际学术影响力等"四大创新能力"获得大幅提升。全院 34 个研究所 300 多个科研团队充分发挥农业科研国家队作用，潜心科研，持续攻关，取得了一批重大创新成果，科技创新活力得到激发，创新能力加快提升，现代院所制度逐步完善，发展速度大幅加快，发展水平跃上了新台阶，显著提升了国家战略科技力量的创新能力和水平。

对标习近平总书记贺信精神和新时期历史使命，中国农业科学院提出实施"科技创新工程跃升计划"，聚焦"种子、耕地、生物安全、农机装备、绿色低碳、乡村发展"等"国之大者"，建设一批引领世界农业科技创新前沿的科学中心；聚焦事关"三农"发展全局的重大科技问题，整合科研团队打造系列产业专家团；聚焦农业农村主战场，打造一批支撑服务乡村振兴的区域中心。通过深化体制机制创新，持续提升创新能力，促进重大突破性科研成果产出，履行好引领支撑乡村振兴和农业强国建设的职责使命。

【案例启示】科研组织模式作为一种多层次、多要素的复杂系统，在科研工作中起着重要的协调、组织作用。先进的科研组织模式，能够有效整合和利用各种科研资源，激发科研主体的创新活力，提高科学技术研究的整体效益，同时有助于人才培养、社会服务等诸多方面的发展与进步。相关农业专业高校及科研院所，应当根据目标定位，主动前瞻布局，创新科研组织模式，加强人才梯队建设，推进体制机制改革，着力破解科研组织"小、散、虚"的问题，系统推进有组织的科研体系探索，逐渐形成具有自己特色的有组织科研模式。

（三）构建产学研深度融合新模式

科学研究的终极目标在于把科学技术转化为生产力，促进社会和经济的发展，产学研用是实现这一目标的关键路径。习近平总书记在江苏考察时强调："要加强科技创新和产业创新对接，加强以企业为主导的产学研深度融合，提高科技成果转化和产业化水平，不断以新技术培育新产业、引领产业升级。"产学研协作是推动科技创新的必然选择，是提高科技成果转化效率的有效途径。加强以企业为主导的产学研深度融合，是激活科技创新资源，提升创新体系效能，增强产业发展接续性和竞争力的有效途径。未来，需要持续强化企业科技创新主体地位，探索创新产学研深度融合模式，大力推动产业链、创新链、人才链的深度融合。

1. 中国农业大学现代农业科技小院

中国农业大学现代农业"科技小院"（Science and Technology Backyard）是建立在生产一线（农村、企业）的集农业科技创新、社会服务和人才培养于一体的创新服务平台。以研究生与科技人员驻地研究，零距离、零门槛、零时差和零费用服务农户及生产组织为特色，以实现作物高产和资源高效（双高）为目标，引导农民进行高产高效生产，促进作物高产、资源高效和农民增收，并逐步推动农村文化建设和农业经营体制变革，探索现代农业可持续发展之路。

从 2009 年开始，中国工程院的张福锁院士领导着中国农业大学的师生们，在平均每年超过 200 天的时间里深入农村，与农民共同生活、工作，与农民和农业生产保持零距离的接触，创建了一个"零距离、零门槛、零时差、零费用"的科技小院，以推广农业技术。在一个又一个"科技小院"里，张福锁领导的团队采用了从种植到收获的保姆式技术来解决农业生产中的各种问题。与此同时，农民们也从最初的不信任转变为在天还没亮的时候就到"小院"为植物"挂号"看病，这使得"科技小院"逐渐成为远近驰名的金字招牌。

在过去的十几年里，一批批研究生来到"科技小院"进行学习和研究，他们根据当地的农业生产情况，成功地将许多农业科技的创新成果推广到实践中，而起源于曲周的科技小院模式也被农业农村部等 7 个国家部门推广到全国各地。在过去的十几年里，那些曾经依赖经验耕种的农民们已经转变了他们的传统思维，更加注重采用科学的耕种方法，众多的新技术也开始迅速地被推广和应用，农产品也开始逐渐走向特色化和差异化的竞争模式。2023 年"五四青年节"到来之际，习近平给中国农业大学"科技小院"的学生回信，强调党的二十大对建设农业强国作出部署，希望同学们志存高远、脚踏实地，把课堂学习和乡村实践紧密结合起来，厚植爱农情怀，练就兴农本领，在乡村振兴的大舞台上建功立业，为加快推进农业农村现代化、全面建设社会主义现代化国家贡献青春力量。

2023 年是"科技小院""诞生"的第 15 个年头，中国农业大学已经在全国 24 个省（市、区）的 91 个县（市、区、旗），建立了 139 个"科技小院"，这些小院从最初的 1.0 版精准帮扶模式，发展到了 2.0 版的产业帮扶模式，并进一步升级为 3.0 版的乡村振兴模式。据不完全统计，在过去的 15 年里，科技小院成功地引入了 284 种农业绿色生产的创新技术，这些技术的推广和应用覆盖了 5.66 亿亩的土地，累计增收节支超过 700 万元。

2022 年 3 月 22 日，教育部的官方网站发布了由教育部办公厅、农业农村部办公厅和中国科协办公厅联合发布的《关于推广科技小院研究生培养模式助力乡村人才振兴的通知》，决定推广"科技小院"研究生培养模式，助力乡村人才振兴。这意味着"科技小院"已经转变为农业科技人才培训和农业技术推广服务的关键平台。同时对科技小院研究生培养模式给出官方定义，即研究生培养单位把研究生长期派驻到农业生产一线，在完成理论知识学习的基础上，重点研究解决农业农村生产实践中的实际问题。这种集人才培养、科技创新、社会服务于一体的培养模式，实现了教书与育人、田间与课堂、理论与实践、科研与推广、创新与服务的紧密结合，辐射带动全国涉农高校深化研究生培养模式改革，生动阐释了研究生教育培养什么人、怎样培养人、为谁培养人的重大命题。

2. 江南大学国家大学科技园

江南大学国家大学科技园成立于 2001 年，是江南大学与无锡市政府合作共建的政产学研基地，总面积 6 万平方米，已建成"一园两区"的发展格局，服务无锡高新区和滨湖区产业发展。2006 年获科技部、教育部联合认定为"国家级大学科技园"。园区作为学校服务地方发展的重要窗口和链接"学术界""产业界"的重要桥梁,始终秉承"基于专业、引导创业、服务产业"的理念,充分依托江南大学一流学科优势,培育以"青年教授、杰出校友、海外人才"等为主体的硬科技创业企业,营造"互生、共生、再生"的产业生态,构筑以"产业生态"引领"产业集群"发展的新模式,深度服务于无锡市太湖湾科创带生命健康、物联网、智能制造等产业升级发展。

园区以专业化、特色化、标准化服务获得了各级主管部门的认可,获得科技部教育部联合认定的"优秀国家大学科技园"(无锡市唯一)、人社部"全国创业孵化示范基地"(无锡市唯一)、科技部"健康食品国家专业化众创空间"(无锡市唯一)、工信部"国家小型微型创新创业示范基地"、科技部"国家级众创空间"、教育部科技部"高校学生科技创业实习基地"、科技部"中小企业创业投资服务机构"等荣誉,同时也是江苏省第一家获得省发改委、科技厅、教育厅、工信厅、人社厅认定的双创示范基地。

园区充分依托江南大学学科、人才、校友等优势资源,服务于市校、校企协同发展。一是以"校企协同创新中心"为抓手,整合国内外上市公司、行业龙头企业、国外知名高校院所的创新创业资源,推动高校创新源头成果工程化、成熟化,引进了茅台、五粮液、光明乳业等40余家龙头企业与陈坚院士、陈卫院士等知名团队开展深度合作,打造科研成果转化首要承载地和龙头企业研发总部集聚区。二是基于"成果转化—产品研发—企业孵化—资本驱动—产业加速"全产业链双创孵化服务体系,聚焦细分产业,整合创新链、创业链、产业链、金融链关键要素,孵育企业高速发展,已培育戴可思、锐泰节能、长风药业等一批高成长力企业;三是以无锡市科技企业孵化器协会为载体,推动全市区域创新体系建设。作为孵化器协会会长单位,发挥头雁引领作用,通过专项诊断、专家辅导、交流培训等多种方式,推动全市科创载体提档升级、提质增效。近三年助力全市新增国家级科技企业孵化器3家、江苏省级孵化器(含众创空间)24家、市级孵化器(含众创空间、加速器)63家,服务了全市创业载体矩阵高质量发展。

截至2022年底,园区累计培育科技型企业1000余家,培育国家高新技术企业45家,引进高层次人才企业25家,培育规模以上企业15家,协助22家初创企业获得社会融资17.56亿元。园区还涌现出了一批师生创业典型企业,培育9家大学生企业获得国家级创业大赛奖励16项,培育福布斯30Under30精英6人,胡润Under30创业领袖2人。

【案例启示】加强以企业为主导的产学研深度融合,是激活科技创新资源,提升创新体系效能,增强产业发展接续性和竞争力的有效途径。跨学科、超学科知识生产模式与传统单一学科模式存在根本区别，新的知识生产模式强调问题的情境化，不再局限于学科理论问题，而是源自真实的社会实践问题。农业教育具有与农业基础地位相一致的发展形态，支撑着建设农业强国的重大使命。当前，需要把握农业教育的特殊规律和需求，建设符合中国实际的农业大学形态，建设产教融合、大学与教学实验农（林）场匹配、基础与专业并重的综合性交叉学科专业体系和面向农业现代化的课程教学新形态。提升产业竞争力、推动高质量发展，需要不断探索创新产学研深度融合模式，充分发挥平台资源优势，聚焦产业和经济发展、学术和科技交流，促进人才为生产一线服务，激发各创新主体的动力和活力。

（四）企业强化科技创新投入与人才激励

习近平总书记在党的二十大报告中强调，深入实施人才强国战略。坚持尊重劳动、尊重知识、尊重人才、尊重创造，实施更加积极、更加开放、更加有效的人才政策。教育、科技、人才是全面建设社会主义现代化国家的基础性、战略性支撑，其重要性不言而喻。水不激不扬，人不激不奋，人才是科技创新发展的重要因素。人才是科技创新的第一资源，尊重人才就要推新举、出良策，在人才成长和发展的环境上多做文章，不断激活科技创新"主引擎"。构建与科技发展相适应的人才发展环境，以助力更多人才脱颖而出，为加快建设科技强国提供强劲智力支撑。

1. 大北农集团

大北农集团是以邵根伙博士为代表的农业科技工作者创立的农业高科技企业。自1993年创建以来，大北农集团始终秉承"强农报国、争创第一、共同发展"的企业理念，致力于以科技创新推动我国现代农业发展。大北农拥有2个国家级重点实验室，4个农业农村部重点实验室，6家国家农业产业化重点龙头企业，30家国家级高新技术企业，建有北京市首家民营企业院士专家工作站，中关村科技园海淀园博士后工作站分站。

经过近30年的发展，大北农已发展成为一家涵盖种业、食品、饲料、农业互联网、动保、养殖等大农业全产业链的高科技国际集团公司，拥有30 000名员工，3 000人的技术研发团队，300多家生产基地和近300家分子公司。目前，大北农已在美国、阿根廷、巴西、荷兰设有子公司。

大北农公益基金已向中国农业大学、中国农业科学院、浙江大学、华中农业大学、南京农业大学等几十所高校捐赠，累计承诺捐赠金额近20亿元，用于支持农业高校的学科建设、人才培养和教育教学等各项事业发展。

1995 年，大北农面向全国涉农院校出资设立"大北农励志奖学金"，奖励品学兼优的农学学子，2011 年面向全国重点院校研究生增设助学金 100 万元/年，经过多年的发展，大北农励志奖学金基本覆盖了国内所有的农业本科、研究机构、专科、职业技术学院等，超 30 000 名大学生获得过大北农励志奖学金。

大北农科技奖是经科技部批准设立的面向农业行业的社会力量公益奖项，为推动农业科技进步，促进科技成果转化贡献了重要力量。大北农科技奖迄今共评选十二届，申报项目 3 147 项共有 474 项成果 3 000 多位科学家获奖，奖励总金额 5 039 万元，近 60 项成果获大北农科技奖后获国家奖。

2. 袁隆平农业高科技股份有限公司

袁隆平农业高科技股份有限公司（简称"隆平高科"）于 1999 年成立，2000 年上市，是由袁隆平院士作为主要发起人之一设立的现代种业高科技集团，也是中信集团旗下农作物育种领域的核心平台。作为国内首批"育繁推一体化"种子企业之一，先后被认定为"国家企业技术中心""国家创新型试点企业""农业产业化国家重点龙头企业"。隆平高科主营业务涵盖种业运营和农业服务两大体系，其中杂交水稻种子业务全球领先，杂交玉米种子业务中国领先、巴西前三，辣椒、黄瓜、谷子、食葵业务中国领先。近 3 年，公司自主研发的水稻、玉米等主要作物品种累计推广 2.5 亿亩，累计增产粮食 50 亿千克以上，农户累计增收 120 亿。2022 年公司实现营业收入 36.89 亿元，综合实力位居国内领先地位，全球种业企业前十强。2022 年，公司及旗下主要产业子公司分别入选国家种业阵型企业名单，是践行国家粮食安全战略、落实"种业振兴行动"的主力军。

隆平高科自主研发创新能力国内种业领先，拥有以"中国种业十大杰出人物"杨远柱、王义波等为代表的育种团队 450 余人，占员工数量的 17.5%；公司构建了国内领先的商业化育种体系和测试体系，组建了国际先进的生物技术平台，并积极在海外目标市场拓展研发布局，研发投入占营业收入比例常年在 10%左右，超过国内同行水平。公司在中国、巴西、美国、巴基斯坦、菲律宾等 7 个国家已经建立了超过 50 个水稻、玉米、蔬菜、小麦、谷子和食葵的育种站，试验基地的总面积达到了 1.2 万亩，主要农作物种子的研发和创新能力在国内处于领先地位。

隆平高科成立以来，不断壮大科研实力，增强发展后劲。2001 年设立了博士后科研工作站，年投入科研和成果引进经费 3 000 万元，致力于杂交水稻、杂交辣椒、棉花、玉米、油菜等农作物新品种的选育创新，形成了拥有自主知识产权的产品和专利等成果。在科学合理的决策管理机制下，公司发展迅速，截至 2022 年底，纳入合并报表范围子公司 49 家，并在国内外持有多家参股、合资公司。

隆平高科国际培训学院是公司承接商务部、科技部、农业农村部、湖南省农业委员会等各级政府部门和国际公益组织主办的援外培训和农业技术合作项目专门部门。公司 2009 年被商务部授予第一个"中国杂交水稻技术援外培训基地"，2016 年被商务部授予对外援助项目实施企业资格。多年来承担了联合国及商务部、农业农村部、科技部等组织及部委 30 余期农业对外援助和技术合作项目；截至目前，已在国内外实施了 225 期援外培训项目，其中包括 7 期部长级研讨班，共培训来自亚非拉、加勒比及南太地区约 100 个国家和地区的 10 000 多名农业及相关领域专业人才，为世界农业发展和粮食安全作出了积极贡献。

通过承担国际农业交流与培训项目，公司也与十多个国家建立了农业贸易与合作关系。具体合作领域除杂交水稻外，还涉及玉米、辣椒以及农作物深加工等。公司还承担了政府国际农业援助项目，在菲律宾、利比里亚等国建立了农业技术示范中心，推广杂交水稻为主的种植养殖技术。公司始终秉承合作共赢理念，致力于为发展中国家培养现代农业技术人才，用先进的农业技术帮助受援国发展农业生产，解决粮食安全危机，造福世界人民。

在袁隆平院士"造福世界人民"的精神指引下，隆平高科坚持将服务社会作为企业基业长青的根本基石，为耕者谋利，为食者造福。自成立以来，隆平高科努力为农民提供优质、高产的种子和全方位的农业服务，促进粮食增产，促进农民增收；公司努力向世界推广杂交水稻技术，用中国的现代农业技术帮助其他国家发展农业生产，为护航世界粮食安全作出贡献。同时，隆平高科还尽己所能投身到民生、扶贫等各项社会公益活动之中，为促进社会和谐进步、共赢发展做出不懈的探索和努力。

【案例启示】激励措施对评价标准和方式的改革，成为为科技人才保驾护航的重要举措之一，是激励人才乐于科研、奋勇争先的稳心"良药"，也是科技发展不断实现跨越的必备条件。在人才激励方面，相关管理人员应当提出保障专职科研人员拥有充足的时间用于科研、提高青年科技人才承担自然科学基金项目以及成果转化计划项目比例、重点对青年科技人员给予支持、改革人才评价标准和方式、支持用人单位对高层次人才采用灵活多样的薪酬分配等措施，全面增强科技人才活力，充分调动科技人才创新创造积极性、主动性。相关部门应常做伯乐，善于发现"千里马"，以更加包容的姿态允许百花齐放、百家争鸣。不搞"一刀切",不唯"成果论",勇于突破惯例,敢于打破常规,真实为科技人才提供良好的成长环境,让人才获得更多实践机会。

参考文献

程博.李振声院士二三事:小麦里干出大事业[EB/OL].https://www.cas.cn/kxyj/kj/zg/2006n/lzs/mtbd/200908/t20090803_2292616.shtml.

弘扬科学家精神专栏 程相文主要事迹和贡献[J].西北农林科技大学学报(自然科学版),2022,50(8),155.

黄建颖,2020.乡村振兴背景下南宁市武鸣区创新创业型农业人才需求和培养研究[D/OL].南宁:广西大学.

江南大学国家大学科技园[EB/OL].http://j-park.jiangnan.edu.cn/.

李保花,杨东群,邱君,2014.农业企业"走出去"的探索:以袁隆平农业高科技股份有限公司为例[J].世界农业,6:193-196.

李函泽,2023.大北农集团发展战略研究[D].长春:吉林大学.

林涛.让所有人远离饥饿:袁隆平的故事[EB/OL].http://www.xinhuanet.com/science/20230530/8c0e7b60207c4753ad4ae67234f02f3e/c.html.

刘涛.让盐碱地上开满油菜花:专访"油菜院士"傅廷栋[EB/OL].https://cj.sina.com.cn/articles/view/1882481753/703464590 20012lfb.

马梦真.凝心聚力 主动担当 全国新农科建设中心引领新农科发展2.0新时代[EB/OL].http://news.cau.edu.cn/zhxwnew/831417.htm.

潘霁野.徐淙祥:祖孙三代接力耕耘 持续守护粮食安全[EB/OL].http://ah.anhuinews.com/ahqmt/202310/t20231017_7171099.html.

施中英,2014.只为献"花"惠棉农:记"中国抗虫棉之父"、中国农科院研究员郭三堆[J].种子世界,8:6-7.

王卓怡.政策加力,支持企业科技创新[EB/OL].http://www.rmlt.com.cn/2023/0912/682624.shtml.

我要为农民服务一辈子:记全国脱贫攻坚楷模赵亚夫[J].中国人才,2021,4:61-63.

颜卫彬.隆平高科杂交水稻国际合作的实践与展望[J/OL].http://hunan.mofcom.gov.cn/aarticle/sjgongzuody/200909/20090906520034.htm.

余瑶,张凤云,陈红.方智远:厚朴如农,甘蓝人生[EB/OL].hhttps://m.thepaper.cn/baijiahao_18894221.

张晓华.【科学家精神教育基地巡礼】之九 李保国:将论文写在大地上

［EB/OL］. https：//m. gmw. cn/baijia/2022-08/16/35956340. html.

赵准胜 . "蘑菇院士" 李玉：食用菌强国不是梦 ［EB/OL］. https：//m. thepaper. cn/baijiahao_11390255.

本章主要研究人员

统稿人　王　静　中国农村技术开发中心，副研究员

　　　　张　鑫　宁波大学食品科学与工程学院，副教授

参与人　王　峻　中国农村技术开发中心，副研究员

　　　　王　静　中国农村技术开发中心，副研究员

　　　　戴泉玉　中国农村技术开发中心，副研究员

　　　　段悦明　中国农村技术开发中心，研究实习员

　　　　张　鑫　宁波大学食品科学与工程学院，副教授

第七章 "做科技事业"的实现路径

　　科学技术是推动人类社会生存和发展的关键因素，是推动人类文明进步的重要引擎。纵观世界发达国家科技发展成就，国家综合国力与科技发展水平密切相关，科技实力在一定程度上决定着一个国家和民族的前途与命运。是否重视科学技术创新发展，能否搭乘科技革命和产业革命的高速列车，对于一个国家的经济、社会和综合国力能否发展至关重要。

　　回顾我国科技发展历史，我们党在中国特色社会主义的实践探索中，逐步形成了适合中国国情的具有中国特色的科技创新发展道路，从新中国成立吹响"向科学进军"的号角，到全面实施创新驱动发展战略，一批批重大科技成果不断涌现，一位位科学家追求真理、勇攀高峰的事迹广为人知。党的十八大提出"实施创新驱动发展战略"，将科技创新上升到国家发展战略层面；党的十九大报告提出"创新是建设现代化经济体系的战略支撑"；在十九届五中全会上，党中央综合分析国内外大势、立足国家发展全局提出"坚持创新在我国现代化建设全局中的核心地位"，并提出"科技自立自强"的重要概念，将科技自立自强作为国家发展的战略支撑；党的二十大首次将科技与教育和人才并提至历史新高，明确指出三者是"全面建设社会主义现代化国家的基础性、战略性支撑"。可以说，科技创新是当代中国发展的核心引擎，是全面实现现代化强国的关键所在。

　　历史经验表明，国家需要从宏观角度及时准确把握全球科技发展的方向和重点，通过完善关系全局的科技发展战略和体系，颁布一系列具有支撑引领作用的方针政策以及规划措施，以科技革命带动产业革命，实现产业强到经济强再到国家强的质的飞跃。

　　聚焦国内，我国科技领域仍然存在关键核心技术受制于人，科技体制机制不顺畅等一些亟待解决的突出问题。党的十八大以来，党中央、国务院高度重视科技创新工作，为进一步完善科研管理、提升科研绩效、推进成果转化，先后制定出台《国务院关于优化科研管理提升科研绩效若干措施的通知》（国发

〔2018〕25号)、《国务院办公厅关于抓好赋予科研机构和人员更大自主权有关文件贯彻落实工作的通知》(国办发〔2018〕127号)等一系列文件,要求各项目管理部门加快职能转变,优化科研项目和经费管理与服务,完善有利于创新的评价激励制度,强化科研项目绩效评价,充分调动科研人员积极性,激励科研人员敬业报国、潜心研究、攻坚克难,大力提升原始创新能力和关键领域核心技术攻关能力,多出高水平成果。

农村中心作为首批项目管理专业机构,认真贯彻落实党中央、国务院科技计划管理改革部署,通过加强规范化、制度化、专业化建设,优化科研项目管理,提升项目实施绩效。首先,聚焦国家重大战略任务,实施以质量、贡献为导向的专业化管理,共同推进专项任务一体化组织实施,确保专项任务顺利开展,助力创新驱动发展战略和乡村振兴战略深入实施。其次,提出以"绩效四问"和"事业引领"为抓手,推动项目管理从重数量、重过程向重质量、重结果转变,引导科研人员"当事业做项目",以期通过强化专项绩效和创新贡献,更好地激励产学研各创新主体的活力,调动科研人员的积极性、主动性和创造性,推动重大标志性成果的产出,不断强化创新供给。同时,梳理专项成果转化需求,推动成果向园区和基层一线转化应用,引导各类创新资源集聚基层,服务产业和地方经济发展。

从做"科研项目"向做"科技事业"转变,路径也必须随之而变,这是内在的逻辑要求。"做科技事业"是一项系统工程。需要国家层面、管理部门、高校院所企业等项目承担单位和科研人员个人协同发力,涉及技术、体制机制、人才等多方面工作,以突破关键核心技术为核心,以强化国家战略力量为保障,以深化科技体制变革为动力,以建设全球人才高地为支撑,以推进高水平国际科技合作为依托,从提高科技原始创新能力、增强创新体系整体效能、汇聚科技创新合力、完善创新生态环境、优化科技创新模式,共同致力于新时代科技自立自强。

在此基础上,我们提出以"处理好'六个关系'""实现'五大转变'"为方向,从国家、专业管理机构、项目承担单位和科研人员四个层面对"做科研项目"到"做科技事业"实现路径进行了阐述。

一、"做科技事业"的方向指引

为确保我国在全球科技竞争中占据更加有利的地位,并为我国经济社会发展注入强劲动力,我们必须快且好地引导科研人员从"做科研项目"向"做科技事业"转变。在这个转变过程中，我们要处理好"六个关系"实现"五大转变"。

（一）厘清"做科技事业"的深刻内涵，处理好"六个关系"

1. 狠抓科研机制改革，处理好守正与创新的关系

守正与创新相辅相成，体现了变与不变、继承与发展、原则性与创造性的辩证统一。避免将守正与创新割裂开来、对立起来。守正不是墨守成规、一成不变，而是尊重客观规律、坚持根本原则不动摇；创新不是无本之木、无源之水，而是与时俱进、推陈出新，二者相辅相成。针对目前科技工作存在的短板与不足，我们要转变思路，理顺机制，瞄准目标，集思广益推动科研工作再上新台阶。要狠抓科研机制改革，要想办法调动科研人员的积极性与主动性，制定力度更大的制度与办法，将职称评审、人才引进、团队建设等一系列问题统筹考虑，形成一种激励机制、倒逼机制。

2. 立足于国家当前需求和长远谋划，处理好当前与长远的关系

当前和长远是辩证的统一，互为条件、相辅相成。落实党的二十大确定的目标任务，强调"既要狠抓当前，又要着眼长远，多办打基础、利长远的事"。我们要紧紧围绕国家战略需求，立足于国家当前需求和长远谋划，紧抓科技主攻方向与重点领域。要加强顶层设计，规划好、谋划好重大项目，对研究基础好、有望出标志性成果的重大项目要加强跟踪与服务，加大支持力度，形成把成果"做大、做强、做好"的机制。既要立足当下，认清当前面临的"卡脖子"突出问题，集中力量布局攻关。更要着眼长远，把握科技创新长周期规律，系统性解决长期难以解决的重大难题，做到真解决问题，解决真问题。

3. 建立大协同、大合作的新机制新模式，处理好自主与协同的关系

坚持开放协同、跨界融合的理念，以全球视野谋划和推动创新研究，加强开放合作与国际交流。发扬团队精神，建立大协同、大合作的新机制新模式，在开放合作中提升自身创新能力。要加强与科技部、教育部、农业农村部等相关部委的联系与沟通，充分利用好现有的各类资源，掌握有关科技信息，争取科技资源，把科技工作做扎实。一方面，尊重地方科研单位主动探索的创新链各自布局，激励和支持各地为突破制约产业高质量发展的瓶颈问题开展试验和体制机制创新，国家有关部委要主动推进与地方政府之间的战略合作，明确合作主题，建立合作机制，推动国家的重大改革、重大工程的顺利落地；另一方面，也要强化全国一盘棋的举国体制优势，推进创新链产业链现代化的区域协同，聚焦战略性产业，开展产业链分区

域、分类型、分环节的发展指导，明确重点发展领域、重点支撑企业和重大前导项目，推动各地差异化协同发展和共建共享。

4. 构建科学合理的科研评价体系，处理好数量与质量的关系

数量与质量是事物的不同表现形式，是评价价值导向的两个方面。构建科学合理的科研评价体系需要正确处理好质量与数量的关系，纠正以往过分看重数量指标、忽视学术研究质量的现象，树立质量优先的观念，先讲质量、再看数量。具体地说，就是在科研评价中，要提高质量指标的地位，加强质量指标的权重，而相对削弱对数量指标的要求。但这并不是否认数量指标的作用，质量是需要建立在一定数量基础之上的。数学中的大数定律就说明了"在随机事件的大量重复出现中，往往呈现几乎必然的规律"。进一步讲，某些数量指标本身就包括了质量属性。为了扭转重数量轻质量的评价导向，近年来中央部委制定的文件中都对数量与质量关系作出了要求：《关于深化项目评审、人才评价、机构评估改革的意见》提出要减少"三评"项目数量，改进评价机制，提高质量效率；《关于优化科研管理提升科研绩效若干措施的通知》提出要开展"唯论文、唯职称、唯学历"问题集中清理，建立以创新质量和贡献为导向的绩效评价体系。

5. 综合考察多方面因素，处理好速度与效益的关系

不能简单地以速度快慢作为评价科研成效的主要标准，而是应该结合学科特点、项目类型、任务要求，以及科研项目的紧急程度、难易程度、客观条件等多方面因素综合考察，最终确定合理的评价周期，实现速度、质量和效益的有机统一。

6. 瞄准国家重大战略目标，处理好做项目与做事业的关系

凡是大有作为的科学家，凡是取得重大成果的科学家，都有一个共同特质，就是从一开始就将自身科研工作瞄准国家重大战略目标，瞄准毕生追求的事业。如果只是单纯做项目，只会关注完成指标、把钱用好，但完成指标后到底解决了什么问题？实现了什么目标？这就要求我们把"科研项目"真正做成"科技事业"。

（二）提升"做科技事业"的内生动力，实现"五大转变"

1. 实现科研理念由"功利主导"为主向"服务为本"为主的转变

科研理念是科研模式转型的先导。由于受利益驱动和自身发展的需要，部

分院校科研存在着"职称科研""功利科研"现象，往往把更多精力投入争取项目和经费、获得高级别的奖励上，在这种"为职称而科研"或"为获奖而科研"的目标驱动下，科研价值很容易被忽视，科研成果也很难转化落地服务产业。为此，科研管理部门要牢固树立"服务为本"的指导思想，确保科研的正确方向。服务产业高质量发展永远是衡量科研成果价值的根本依据。坚持把科研项目成果实际转化能力标准放在第一位，不为职称而科研、不为争经费而争任务，紧紧扭住影响制约产业高质量发展的重难点问题，集中力量加以破解，为产业高质量发展提供新理论、新技术、新装备，并在生产实践中检验科研成果，使每一项科研都能在产业链中找到结合点。

2. 实现科研项目由"被动承担"为主向"主动承担"为主的转变

科研是提升高校院所及企业创新能力的源头活水。然而，在以往的科研中，主要是以被动地去承担已经公布的科研项目为主开展科学研究，即科技管理部门出台科研申报项目，然后由院校科研机构、科研人员去申请。这种只会单纯承担项目的做法，显然不能从根本上提升院校的科研能力和水平，也不能满足产业高质量发展实际需求。为此，实现由"被动承担"向"主动承担"转变显得十分重要。一方面牢牢把握国家需求。科研单位和科研人员都要有强烈的使命感、责任心、探索欲去了解国家的战略需求、科技前沿的发展态势。科研单位应主动搭建科研平台，完善信息沟通制度，加强与科研管理部门的沟通协调，及时了解国家重大需求，把科研人员精力引导到围绕满足国家重大需求上来。另一方面大力加强科研团队建设。合理规划近期、中期、长远目标，积极培育一批学识水平高、学科视野宽、学术气度大的科研带头人，并充分发挥科研骨干的"酵母"作用，帮带科研新人。

3. 实现科研方法从"单打独斗"为主向"团队攻关"为主的转变

现代科研越来越注重发挥团队作用，加强联合攻关。有些院校科研机构、科研人员通过申报、策划，争取到大量的科研项目，但获准项目并不能高质量、高水平完成。主要原因在于靠个人单打独斗或几个人组成的小组来完成。因此，强化指导科研单位科研模式从单一、自发、分散型向联合协作攻关型转变，形成网络式的创新结构，实现更高层次的创新发展。一方面，借外力协同。积极开展与机关、企业、院校和科研单位的横向交流，扩大协作研究范围，在更大的范围内整合使用有效科研资源。另一方面，聚内力优化。加强重点人才、重点方向和重点课题的任务协同，集中各学科的力量合作，实现从要素管理向系统管理转变。

4. 实现科研模式从"量的扩展"为主向"质的提升"为主的转变

一旦科研被职称绑定，为了职称而凑论文数、项目数的事情就出现了。这种远离产业实际科研，会导致科研成果的数量多、效益低、质量差，还造成资源浪费。只有坚持以质的提升为主，才能更好地提升院校的科研水平。科研平台和科研项目的影响级别在很大程度上反映了院校的科研实力和影响力，科研单位要把不断提高科研平台和科研项目的影响级别作为科研重点目标，逐步形成科学合理的比例架构。

5. 实现科研评价由"科研主导"为主向"产业服务"为主的转变

判断一项科技成果行不行，最直接的方式就是将其放到市场上去检验。让市场作为科技成果评价的主体，把科技创新真正落实到产业发展上，培育壮大高质量发展新动能。注重产业的源头性技术创新，在强化企业创新主体地位的同时，强化科研院所与企业的合作研究。我国大部分产业在科技领域，特别是基础、尖端科技领域仍与世界发达国家存在较大差距。在这种情况下，企业将自身经营面临的重点难点技术问题与高校和科研院所合作进行联合攻关尤为重要，一定程度上能避免产业技术演化出现"只见树木不见森林"的风险。

二、国家层面——统筹规划，总揽全局

党的二十大报告提出，坚持面向世界科技前沿、面向经济主战场、面向国家重大需求、面向人民生命健康，加快实现高水平科技自立自强。掌握关键核心技术，实现高水平科技自立自强，重点是要开展成建制的、长期的科研攻关，这就需要加强科技创新的顶层设计。要组织顶尖科学家和优势科研机构开展论证，明确科学研究的重点方向，并依托高水平科研机构和平台，在某些特定领域做大做强。加强对科技事业的顶层设计和布局，制定更加科学、系统的政策和措施，为科技创新提供更好的环境和支持，推动科技事业的发展，引导科研人员从"做科研项目"向"做科技事业"转变。

（一）强化国家战略科技力量布局，发挥集中力量办大事的制度优势

一是加强科技创新顶层设计，提升国家科技创新效能。围绕科技强国战略

目标，在战略关键领域强化国家战略科技力量布局，增强国家科技创新的体系化发展能力。发挥科技创新对产业创新的引领带动作用，优化科技资源的配置和共享，促进重大科技基础设施、国家重点实验室、国家重大科技项目与产业技术创新形成有效对接。

二是聚焦关键核心技术，推进高水平科技自立自强。围绕国家战略需求和关系国计民生、经济命脉，具有基础性、战略性、全局性、前瞻性的重大关键科技问题，发挥集中力量办大事的制度优势，凝聚和集成国家战略科技力量和社会资源协同攻关，打好关键核心技术攻坚战，力争在较短时间内突破"卡脖子"的遏制，提高创新链整体效能，提升产业基础高级化、产业链现代化水平。

三是完善科技创新体制机制，激发社会创新潜能。围绕全产业链条，以产业需求为导向，鼓励"揭榜挂帅""赛马制"等项目，英雄不论出处，谁有本事谁就揭榜；加大企业牵头项目支持比例，分别建立以龙头企业牵头的科研项目，鼓励农业企业创新培养和激励高尖端技术人才，建立真正意义上的产学研合作机制。同时，注重优化重点项目、人才、资金一体化配置，进一步扩大科研院所科研自主权，激发科研人员自主创新的积极性。

> 为强化战略科技力量，加速提升创新体系整体效能，国家层面设立了"国家自然科学基金""国家重点研发计划""科技创新2030—重大项目""农业关键核心技术攻关"等科研项目，围绕农业农村领域的生物育种、畜禽疫病防控、种源关键技术、智能农机装备、农产品加工等主题给予持续性支持。
>
> 紧紧围绕推进农业供给侧结构性改革这个主线，聚焦"农业增效、农民增收、农村增绿"三大目标，承担"结构调优、生产调绿、产业调强"三大任务，实现"技术变革、产业变革、机制创新"三大突破。2007年农业部、财政部联合以产业为主线构建了以水稻、油菜、生猪、大宗淡水鱼等50个主要农产品的现代农业产业技术体系，先后吸纳800多家农科教企单位参加，稳定支持2 700余名农业专家围绕农业产业开展技术攻关、示范培训、政策咨询和应急服务，实现了主要农产品贯穿产业链的产业技术服务。

（二）加大对基础科学研究的支持力度，完善共性基础技术供给体系

一是瞄准科技发展大趋势，下好基础研究"先手棋"。坚持"四个面向"的发展方向，立足国家所需、产业所趋和产业链供应链所困，加大对基础研究的支持力度，发挥前沿科学技术固有优势，领跑重要科技领域。切实制定有利

于加强基础研究的各类有效政策，让政策为科研人才减负松绑、放权赋能，为基础研究营造最佳环境、提供最优服务、创造最好条件。

二是重视人才引进培养，激发基础研究"源动力"。实行一系列更加积极、开放、有效的人才政策，建立多层次、开放式的招聘与选拔体系，加快构筑国际化一流学术生态、生活环境条件，集聚全球优秀创新人才，造就一批具有国际一流水平的科技领军人才和创新团队。要形成鼓励创新和宽容失败的社会氛围，建立更加灵活的人才培养机制和评价体系，切实消除人才流动、使用中的政策障碍；进一步提高科技人才收入，完善科技奖励制度，为科技人员创新创业创造有利条件。

三是推动国际合作与交流，扩大基础研究"知识面"。充分利用好国际科技创新资源，深入推动科技创新领域高水平开放，加快形成国际国内创新资源自由有序流动的战略格局。设立全球科学研究基金，聚焦前沿科学技术，深度融入国际创新合作机制，为全球基础研究工作提供中国智慧、中国方案。积极为各类创新主体和创新人才搭建国际科技合作平台，涵盖国际科技创新园、国际联合研究中心、示范型国际科技合作基地、国际技术转移中心等，强化资源共享与优势互补，联合攻关解决共建国家在发展中面临的重大挑战和问题，有效提升共建国家的科技创新能力。

"十三五"期间，国家外国专家局设立引智专项，在重大动物疾病防控、农产品质量安全、农业资源环境保护与污染治理、遗传育种等农业领域，引进 370 多位外国专家来华工作。同时，设立特聘专家、客座专家、特聘院士等岗位，全国农科院系统单位累计引进外国科学家超过 600 人次，其中有 9 名外国专家获得"中国政府友谊奖"。国家留学基金管理委员会除了常规的国家公派高级研究学者、访问学者、博士后项目外，还增设了创新型人才国际合作培养项目、国际组织人才培养和实习项目等，积极鼓励农业科研人员走出去，"十三五"期间，共计选派骨干人才出国（境）培训和访学研修近 900 人次，引进分子标记育种、转基因育种等新技术。

（三）加强政产学研深度融合，推动科技创新和产业创新协同发展

一是加速布局区域创新平台建设，支撑引领区域高质量发展。强化各类创新基地（平台）的归口管理，综合考虑各区域经济发展水平、主导产业、特色定位和发展规律，配置与不同级别、不同领域创新基地（平台）相适应的软硬件条件，加强布局的主动性和前瞻性。引导和支持各地方政府，聚焦区域

优势产业，依托高校科研机构、龙头企业和产业园区等创新资源，加快布局建设一批开放共享的区域创新平台，大力推进创新创业，促进科技成果转化。

二是建立健全科技成果收益分配激励制度，推动科技成果落地。国家在健全科技成果转化法规的同时，还要逐步完善科技成果处置收益分配制度，优化国有资产管理，探索所有权改革试点。通过赋予科研人员职务成果所有权或长期使用权实施产权激励，完善科技成果转化激励政策，激发科研人员创新创业的积极性。在保障科研团队充分激励的同时，科研院所、地方政府的贡献也需要得到保障。以市场化的分配制度协调所有参与主体的利益，激发各参与方的转化积极性。

三是突出企业创新主体地位，提升企业技术创新能力。国家要制定优惠政策予以鼓励和支持，充分激发各类主体参与科技创新的积极性，建立以企业为主体、产学研用协同的创新机制，形成建设创新型国家的合力。设立企业开展科技成果转化的政府引导基金，引导企业参与行业重大关键问题、核心技术问题、基础前沿问题，积极支持企业参与国家自然科学基金项目、国家重大科技专项、国家重点研发计划，引导企业加大在行业关键核心领域基础研究的投入强度，造就一批拥有核心技术能力的行业领军企业。

> 2015年8月，国家对《中华人民共和国促进科技成果转化法》进行了修订，2016年2月，国务院印发《实施〈中华人民共和国促进科技成果转化法〉若干规定》，制定了配套细则，2016年4月，国务院办公厅印发《促进科技成果转移转化行动方案》，对具体任务进行部署。科技成果转化"三部曲"的形成，明确赋予了高校、科研院所成果转化的自主决定权，保障了市场化的科技成果定价方式，提高了科技成果完成人员的奖励和酬金比例，确认了离岗创业、在岗创业、返岗聘任等制度的合法性，激发了全社会转化科技成果的积极性。

三、专业管理机构——创新管理，深化服务

引导科研工作者建立"事业引领"理念本身是一个复杂的系统。党的十八大以来，科技创新已成为经济高质量发展的重要引擎，发挥着越来越重要的作用。中央财政科技经费的投入也在逐年增加，科技管理体制机制改革也在不断深化，意在给科研人员充分放权，减轻其事务性负担，激发其研究、创新活力，为创新驱动发展战略、建设创新型国家、实现科技的自立与自强做出更大的贡献。如何增强科研人员的"获得感"，让科研人员专心致研，让国家的各

项改革举措真正落地见效，是摆在科研管理机构部门面前的一项重要任务。农村中心项目管理与实践对推进做"科研项目"向做"科技事业"转变具有重要借鉴价值。在此，将以农村中心典型做法为案例，聚焦管理现状、瞄准管理问题，阐述"事业引领"可行性管理路径。

（一）优化科研项目管理体制机制，推动制度体系不断升级

科研项目是科技创新的核心载体，优化科研项目管理体制机制是深化科技体制改革的重要任务，要从全链条设计、创新管理、激励机制等一系列具体改革举措，多元化统筹配置科技创新资源，着力释放科研人员创新活力，促进"科技势能"转化为"发展动能"。

1. 做好全链条设计，建立从研究到转化的"事业引领"型科研组织实施体系

专业管理机构要做好科研项目的全链条设计，围绕国家战略需求，全面开展有组织的科研，不断强化重大基础和核心技术攻关的能力，创新科研全链条的体制机制，建立健全科技成果转化系统，全面担负起推动科技创新的历史责任，以高质量的创新成果为建设世界科技强国作出贡献。一是从项目立项、研究设计、实施、成果转化到评估等环节，建立完善的科研项目管理体系。二是建立健全科研项目管理制度，明确项目管理的目标、原则和流程，确保项目实施的顺利进行。三是强化科研与生产对接，以解决行业和产业需求为目标，加强标志性成果的凝练。四是重视成果转化和应用，建立科研成果的推广和利用机制，提高科研项目的社会价值和经济效益。

作为国家项目管理专业机构，农村中心通过调整机构设置、构建专业化流程、完善制度体系、严格风险防控等措施，全面完成建设任务和目标，有力支撑重点专项专业化管理。一是建立科学高效的决策机制。建立中心办公会集体决策机制，并将决策事项、决策结论等以会议纪要形式存档备查，防止个人裁量；成立重点专项总体专家组，充分发挥专家在重点专项组织实施中的技术指导作用。二是建成岗位职责清晰的组织架构。按照"决策、执行、监督与风险防控"相分离原则，形成包括综合计划板块、专项管理板块、成果转化与服务板块的科学规范、分工制衡的组织架构。三是构建科学规范的规章制度体系。围绕专业机构建设和项目规范化管理，系统制定并发布了内部管理、项目与经费管理、风险防控与监督、管理行为规范。四是持续开展战略趋势研判。聚焦种业前沿、黑土地保护、大食物观、智能农业装备创新等重点领域持续开展战略研究，加强对原创引领性技术、"卡脖子"问题等发展趋势的研判分析，为农业科技创新顶层设计和战略决策提供有力支撑。

2. 创新项目管理制度，探索项目组织实施和管理服务新模式

随着经济全球化进程不断加快和市场经济机制不断完善，我国传统的科研项目管理模式面临着严重挑战。在这种形势下，科研项目管理单位必须引入改革和创新的机制和模式，使科研工作真正能够适应新形势、新任务的要求，用好科技投入，创造更高效益。一是建立健全科研项目管理制度，明确项目管理的目标、原则和流程，确保科研项目的顺利实施。二是创新组织实施和管理服务模式，与相关部门开展战略合作，构建优势互补、协同配合、联动推进的工作机制，提高科研项目的组织和执行效率。三是鼓励跨学科、跨领域的合作，整合各方资源，形成科研项目的事业化运作模式。强化开放合作，着力构建创新研究生态，鼓励开放式创新，支持包容性创新，强化与高等院校、科研院所、行业头部企业在知识、人员、技术、资本等方面的协同创新。四是建立有效的沟通机制，加强项目团队内部的信息交流和协作，促进团队成员之间的互动和创新。

> 农村中心通过组建专项"融合创新共同体"，推动项目与项目间、专项与专项间、研发计划与其他计划及平台基地间、研发与企业用户间协同创新联动，形成创新整体合力，激发科研人员自主创新能力，加快关键核心技术攻关和成果转化落地。聚焦种子、耕地两个要害，抓好重点专项组织实施。深化种业"系统联动"集群管理模式，建立生猪种业融合创新共同体，集聚"种质资源"等专项合力推动种业科技创新。建立联合推进工作机制，与相关部门开展战略合作，构建优势互补、协同配合、联动推进的工作机制。共同解决专项实施中产生的问题，推动成果转化落地。会同东北四省（区）科技厅开展"黑土地保护利用"专项协同管理，按照《黑土地专项协同管理合作备忘录》，持续打造国家战略科技力量和地方创新队伍联合攻关战斗编队。加强新型项目的管理与服务。"十四五"以来，按照科技管理改革新要求，针对"揭榜挂帅"项目，采用"军令状"落实榜单任务，认真开展"里程碑"考核；针对部省联动项目，会同地方部门制定协同管理办法，利用部省联动机制优势，破解制约区域优势特色产业发展的关键核心问题；针对青年科学家项目，通过举办青年科学家论坛、召开青年科学家项目负责人座谈会等方式，搭建学科交叉融合的平台，听取在项目管理及青年科技人才培养等方面的需求和建议，以优质管理服务激发青年科研人员创新活力。

3. 统筹考虑多方面贡献，完善科研评价体系和考核机制

按照"目标导向、分类实施、客观公正、注重实效"的总体要求，建立科学合理的科研评价体系和考核机制。一是建立由专业管理机构牵头，高校院

所、企事业单位共同参与的科研评价体系，提升科研管理部门统筹协调能力。二是建立科学的科研分类评价方法与指标体系，完善科研评价内容，统筹兼顾科研诚信、成果质量、学术影响力、成果转化、服务决策、人才培养、对学校和社会公益性贡献。对不同科研活动实行分类评价，促进基础研究、应用研究和技术推广协调发展。三是建立公平、开放的科研考核机制，以科研成果核心竞争力为导向，鼓励科研人员开展战略性、系统性、前瞻性的学科领域核心问题研究，建立以创新质量和服务贡献为核心的科研评价机制。

　　农村中心以"绩效四问"推动项目组织实施和成果产出。突出绩效导向，加快建立以创新质量和贡献为导向的绩效评价体系，科学评价科研成果的科学价值、经济价值和社会价值是国家科技计划管理改革的重要举措，为加强学风作风建设、提高科研绩效，破解"SCI至上""唯论文"等问题，引导科研人员把论文写在大地上。"绩效四问"贯穿专项管理全过程，有力提升了科研人员能力，促进了高质量成果产出，成为项目单位开展项目管理的自觉行动，推进了专项成果加速转化为现实生产力。推动科研人员由"做科研项目"向"做科技事业"转变。"十四五"以来，在总结"绩效四问"实践基础上，鼓励科研人员不仅要做好科研项目、完成项目指标、把经费用好，更要关注完成指标后到底解决了什么问题、实现了什么目标，同时要激励科研人员敬业报国、潜心研究、攻坚克难，瞄准国家重大战略目标，瞄准毕生科研追求，把握好做项目与做事业的关系，着力构建事业引领型专项实施体系，激发科研人员责任感和使命感。

---

4. 改革科研经费管理体制，提高科研经费使用效益

　　科研经费的合规使用，是保证科研课题正常实施的关键所在，是正常进行科研经费开支的重要保障。科研经费是科研管理的核心，要认真探索改革的思路，采取针对性和有效性的对策和方法，逐步完善科研经费管理这项系统工程，从而真正提高科研经费的使用效益。一是完善科技资金的支持方式。根据项目单位类型和项目类别，采取"前引导""后支持""后补助"等多种形式助力项目承担单位加强科技创新，提升财政科技资金使用绩效。二是围绕产业关键共性技术和"卡脖子"技术持续开展攻关的单位，给予长期稳定支持。三是推行人才经费包干制。赋予高层次人才更大自主权，推进包干制试点改革的工作中，要配套制定和完善财务管理、资产管理、科研管理、审计监督等各项管理制度，并协调制定政策的各部门各层级。

（二）完善科研诚信监督机制，营造良好科研生态环境

1. 切实履行科研诚信建设的主体责任

建立健全以诚信为基础的科技计划监管机制，将科研诚信要求融入科技计划管理全过程。要严格按照科研诚信要求，加强立项评审、项目管理、验收评估等科技计划全过程和项目承担单位、评审专家等科技计划各类主体的科研诚信管理，对违背科研诚信要求的行为要严肃查处。引导和要求承担项目的各类企业、事业单位、高校院所等第一责任主体，要对加强科研诚信建设作出具体安排，将科研诚信工作纳入常态化管理。通过单位章程、员工行为规范、岗位说明书等内部规章制度及聘用合同，对本单位员工遵守科研诚信要求及责任追究作出明确规定或约定。

2. 加强科研诚信管理，深化科研评价制度改革

加强科技计划全过程的科研诚信管理。科技计划管理部门要修改完善各级各类科技计划项目管理制度，将科研诚信建设要求落实到项目指南、立项评审、过程管理、结题验收和监督评估等科技计划管理全过程。要在各类科研合同（任务书、协议等）中约定科研诚信义务和违约责任追究条款，加强科研诚信合同管理。完善科技计划监督检查机制，加强对相关责任主体科研诚信履责情况的经常性检查。

强化科研诚信审核。科技计划管理部门、项目管理专业机构要对科技计划项目申请人开展科研诚信审核，将具备良好的科研诚信状况作为参与各类科技计划的必备条件。对严重违背科研诚信要求的责任者，实行"一票否决"。相关行业主管部门要将科研诚信审核作为科技奖励、职称评定、学位授予等工作的必经程序。

着力深化科研评价制度改革。推进项目评审、人才评价、机构评估改革，建立以科技创新质量、贡献、绩效为导向的分类评价制度，将科研诚信状况作为各类评价的重要指标，提倡严谨治学，反对急功近利。坚持分类评价，突出品德、能力、业绩导向，注重标志性成果质量、贡献、影响，推行代表作评价制度，不把论文、专利、荣誉性头衔、承担项目、获奖等情况作为限制性条件，防止简单量化、重数量轻质量、"一刀切"等倾向。尊重科学研究规律，合理设定评价周期，建立重大科学研究长周期考核机制。

3. 加强科研诚信教育宣传，强化科研诚信意识

加强科研诚信教育。对承担或参与科技计划项目的科研人员有效开展科研

诚信教育。引导从事科学研究的企业、事业单位、社会组织应将科研诚信工作纳入日常管理，加强对科研人员、教师、青年学生等的科研诚信教育。对在科研诚信方面存在倾向性、苗头性问题的人员，所在单位及时开展科研诚信诚勉谈话，加强教育。

加强科研诚信宣传。创新手段，拓宽渠道，充分利用广播电视、报纸杂志等传统媒体及微博、微信、手机客户端等新媒体，加强科研诚信宣传教育。大力宣传科研诚信典范榜样，发挥典型人物示范作用。及时曝光违背科研诚信要求的典型案例，开展警示教育。

（三）深化科研成果转化管理，助力科研成果转化实现新突破

1. 加强政用产学研合作，提升科研成果转化效率

要建立符合市场经济规律的科技成果转化管理体制，以需求为牵引、产业化为目的、企业为主体，加强政产学研合作。一是不断制订完善产学研用结合的政策措施和路径。通过合理配置政产学研各方资源，促进技术创新所需各种生产要素，推动成果转化。二是不断创新合作模式，推动产学研用实体建设。探索建立符合市场规律的产学研用开放合作新模式，引导企业与高校院所共建产业技术研究院等研发机构，在技术开发、技术咨询、成果转化、人才培养等方面协同与互动。三是鼓励企业自主创新。企业自主研发并实施转化的具有自主知识产权的重大科技创新成果，由省科技成果转化专项资金给予同等力度资助。

2. 搭建新型科技创新平台，加快推动科技成果转化

科技创新平台是企业开展科技创新活动、稳定和吸引科技人才的重要载体，也是塑造高质量发展新动能的有力抓手。在促进科技成果转化过程中，专业机构要积极谋划、主动作为，主动对接各地方政府、大院大所、知名高校，引导和支持企业自建或联合建设科技创新平台，培育建设一批国家级平台、提质升级一批省级平台，提高市级以上平台覆盖率。通过完善服务体系，培育创新主体，推动高能级科创平台与产业发展深度融合，打通科技成果向现实生产力转化的通道，全力打造经济发展新动能。

3. 健全完善科研成果转化制度，实现有效监管

一是建立完善科技伦理制度规范和监管规则，推进在生命科学、医学、人工智能等前沿领域和对社会、环境具有潜在威胁的科技活动严格实行科技伦理承诺制。推进行业部门探索制定科技伦理治理的指导性文件和行业自律规范，完善科技伦理专家库。二是建立完善创新产品优先使用、审慎监管制度，支持

新产品试用和应用。探索建立符合国际规则的创新产品政府首购制度，加大对重大创新产品和服务、关键核心技术的推广力度，支持重大装备首台（套）、重点新材料首批次等重大创新产品应用。

农村中心注重技术攻关和成果转化同向发力，持续探索技术研发供给、成果转化服务、园区提质增效、人才进乡入村的新机制、新模式，已形成系统引领、资源集聚和行业带动的良好局面。建立"100+N"开放协同创新体系。以重点专项科技人员和技术成果为依托，充分调动各有关方面积极性，构建"100+N"开放协同创新体系，推动人才、资金、技术等创新要素向基层一线集聚，以"四链融合"发展破解"产学研用对接难、项目基地平台人才融合难、协同创新跨界难、社会资本资源进入难"等难题。目前已与四川、湖北、河南等11个省，以及100多个园区、高校、院所等单位建立战略合作关系。实施科技成果"进园入县"行动。立足重点专项成果转化，以应用场景为导向，开展专场对接活动，建立转化服务平台和工作模式，推动科技成果在园区、县域转化落地，激发区域和基层创新活力。目前已发布1 500项科技计划成果目录，为160个国家乡村振兴重点帮扶县推介成熟度高、适应性强的技术成果700项，得到各有关方面积极响应，推动一大批科技成果转化落地，科技成果"进园入县"行动已被写入2023年科技部党组"一号文件"。充分利用平台载体推进成果转化。在成果转化过程中充分利用国家农高区、国家农业科技园区、"星创天地"、创新型县（市）等平台载体，推动农业农村领域相关科技创新和成果转化。提升骨干科技特派员能力素质。贯彻落实习近平总书记关于科技特派员工作的重要指示精神，与福建省科技厅、南平市人民政府签约首个全国骨干科技特派员（南平）培训基地，建立"产业+区域""国内+国外"协同培训常态化机制，组织专项项目负责人在内的知名专家，围绕习近平总书记关心的茶、苹果、食用菌等7大乡村产业开展专题培训，培训骨干科技特派员6 000余名，将最新科技成果第一时间送到科技特派员手中，鼎力支撑乡村振兴。

四、项目承担单位——强化组织，落实主责

（一）聚焦主责主业，强化科研单位主体责任落实

一是将定向性、体系化基础研究作为主攻方向。加快产出"从0到1"的重大原创成果，努力取得一批世界领先水平的重大原创突破。在关键核心技术攻关方面，加强多学科交叉和大兵团协同作战，高质量完成国家重大科技任务，产出用得上、有影响的重大技术和战略性产品。全面提升基础策源和原始创新能力，在更多领域实现从"跟跑"到"领跑"的

转变；另一方面，鼓励自由探索，激发高校科研人员在各个领域百花齐放、百家争鸣。

二是强化需求导向，增强科研创新能力。近年来，农业科技成果转化的重要性日益突出，2023 年中央一号文件中明确提出，要推动农业关键核心技术攻关，"坚持产业需求导向，构建梯次分明、分工协作、适度竞争的农业科技创新体系，加快前沿技术突破"。"农业科技成果转化"的地位不断提升，已经与"农业科技研发"一起成为农业科技发展的两大基石。项目承担单位在科研创新中要强化需求导向，立足本单位的优势学科，与市场相结合，坚持基础研究与应用研究并重、研究与转化结合，以产业需求激发科研创新活力。与此同时，以产业需求为导向的农业科研成果更容易快速转化推广，促进市场健康繁荣发展，对于保障我国粮食安全、深入实施种业振兴、全面推进乡村振兴具有非常重要的意义和作用。

三是构建转化平台，探索政产学研深度融合发展模式。产学研合作（科企合作）是强化农业科研创新能力、提高农业科技成果转化效率、促进区域农业产业高质量发展、实现企业增效和农民增收的重要举措。作为项目承担单位应该积极主动深化与农业产业龙头企业的合作，畅通科技成果转化渠道，最大限度满足市场需求。同时，积极争取政府支持，通过产加销一体化和品牌打造等方式，建立政府、企业、科技、农民、金融等多方联手支持的科技成果转化平台，开放合作、协同推进、资源共通、利益共享，实现"政产学研"深度融合发展。

四是优化流程和服务，提升科技成果价值和转化率。完善有关科技成果转化资产的评估管理机制，优化科技成果转化管理流程，建立统筹协调、职责清晰、覆盖全面、规范有序的管理格局。加速科研成果产业化，促进创新供给与发展需求高效对接。建设知识产权团队、技术转移团队、对外合作团队等，全程参与科技成果转化九大环节，进行主动管理，在核心环节提供专业的服务。

（二）强化组织管理，提升科研人员创新活力

一是完善科研评价和考核标准。破除"唯论文、唯职称、唯学历、唯奖项"评价体系，按照基础研究、应用研究、技术开发、技术转移、成果转化等不同领域，制定差异化的评价体系和考核体系。对人才评价实施动态跟踪和调整，实行优胜劣汰、能进能出的动态考核管理机制。适当延长基础研究人才、青年人才等的评价考核周期。

中国科学院遗传与发育生物学研究所试行专业技术岗位晋升分类评价模式。将专业技术岗位分为科学研究类、工程与技术研究类、科技支撑保障类三个类别，按照实际岗位工作职责，将从事科学研究工作的一线专业技术人员，同从事应用研究和技术开发、大设施建设运行、大型仪器设备研制与运维的专业技术人员及从事科研资源保障与支撑的专业技术人员和非主系列专业技术人员分开，分别设置不同的评价指标体系，以分类评价作为指挥棒，引导专业技术人员聚焦主责主业。

二是推进薪酬制度改革。树立"多劳多得、优劳优得"导向，积极推进科技成果转化和各项人才奖励。推进事业单位薪酬改革，鼓励采取更为灵活的薪酬制度；保障基础研究人员长期稳定且有体面的收入水平，应用和转化类科研人员以贡献为激励基础；扩大科研单位年薪制试点，对于部分高层次人才和急需紧缺人才，可采用年薪制、科研项目工资制等与研发贡献直接挂钩的分配方式，提升科研人员收入水平，上有封顶，下有托底；明确科研成果知识产权确权和权益分配相关规定，规范科技成果转化技术服务的边界、类型及收益，实施科技成果所有权确权行动，合理约定成果收益分配等事项。

三是强化项目监督管理。积极开展科研活动行为规范制定、诚信教育引导、诚信案件调查认定、科研诚信理论研究等工作，帮助科研人员熟悉和掌握科研诚信具体要求，引导科研人员自觉抵制弄虚作假、欺诈剽窃等行为，营造良好科研氛围，充分激发科研人员创新活力和潜能。

（三）推进人才培养，扩充科研队伍后备军

一是赋予科研人员更大科研自主权。对科研活动引领不干预、支持不包揽。加强战略人才力量建设，建立以信任为前提的战略科学家负责制，赋予战略科学家和科技领军人才充分的人财物自主权和技术路线决定权。要解开一切束缚科技创新的"绳索"，减少管理过程中的繁文缛节，减少与科研无关的检查督查和报表审批，避免科研人员将时间花在不必要的事情上。

二是建立健全青年人才培养机制。青年科技人才充满创新活力和发展潜力，是科技人才队伍中的"生力军"，加强青年科技人才队伍建设，是实现科技强国、农业强国的战略之举、固本之策。要大力发现培养青年科技创新人才，不断提升青年科研人员在创新中的作用。鼓励青年科研人员承担重大科研任务，在国家重大科研计划项目中，对青年人才参与比例做出明确规定，加大青年科学家项目的设置比例和支持力度。针对青年科研人员需求，健全稳定支持和"滚动支持"机制，培育更多有潜力的青年拔尖人才培养，造就一批具

有国际水平的战略科技人才、科技领军人才、青年人才和高水平创新团队。

> 北京大学先后开启"博雅博士后项目"和"国际联合博士后项目",成为北大创新博士后培养模式的创举。其打破了博士后资源的传统配置方式,采取博士后分类管理、分类考核评价的新举措,为博士后创造了更开放的学术环境和更优越的科研条件。2020年再次创新培养举措,建立了博士后岗位晋升新机制,打破博士后队伍与专职研究人员队伍壁垒,使符合条件的博士后可以依照程序申请专职研究人员岗位,为博士后岗位晋升打开了新渠道,为博士后更安心、专心地投入科研创造新条件。中国农业科学院作物科学研究所实施启动青年"启航""引航""保障"计划。大胆使用优秀青年科技人才,选拔11名45岁以下人才担任全国重点实验室副主任、学术带头人等,支持年轻人挑大梁、当主角。对新入职具有博士学位青年科研人员,给予为期3年、每年5万元的科研经费支持;设立特别贡献激励与青年科学家激励,入选者分别给予12万元和6万元一次性奖励金;利用成果转化收入对新入编5年内的科研人员每月额外发放1 000~3 000元扶持性补助,持续加强青年后备力量培养。

五、科研人员——精益求精,学以致用

(一)深耕专业领域,引领创新发展

一是练好科研基本功。要想在专业上有所建树,绝不是一朝一夕之力,必须经过长期的坚持、探索和历练。科研人员要重视基础,潜心研究,淡泊名利,切忌急功近利。要时刻关注国内外科研动态,敏锐追踪前沿技术,不断提高自己的专业能力水平;同时注重完善自身的思考逻辑和分析能力,将已有的知识建构为系统化的体系,不断推动我国基础研究事业。

二是强化科技创新能力。创新能力是科学研究的前进动力,科研人员自身应保持强烈的好奇心,对事物拥有自己独到的观点和想法,不随波逐流,提高对未知领域的探索能力。我们可以将具备强大科研创新能力的高精尖人才作为科研工作的领头人,带领青年教师组建梯队互补型创新团队,提高团队解决基础研究问题的能力,进行持续性创新,钻研攻克科研难题,提出科研新观点,为科研成果的获取奠定基础。

三是跨学科思想交融。随着科学技术的发展进步,突破原有学科间的界限束缚,促进多学科的交叉协同,构建适应时代发展的知识创新体系,既是社会发展的外源性驱动,也是学科发展规律的内源性使然。科研人员要瞄准科技前沿和关键领域,通过学科交叉融合"催化剂"的作用,加大对不同学科之间理论与方法的整合再创新力度,实现知识体系重构与社会发展的同频共振。

(二)促进成果转化,加强应用推广

一是从研究成果转向解决实际问题。2018 年,习近平总书记在两院院士大会提出:"促进创新链和产业链精准对接,加快科研成果从样品到产品再到商品的转化,把科技成果充分应用到现代化事业中去。"科研人员要打破"闭门造车"的狭隘,更加主动地融入全球创新网络。要从完成考核指标转向注重产学研合作,将成果转化及产生经济社会效益摆在首位,将科研成果更好地面向市场、面向群众,充分发挥科技创新的支撑引领作用。

二是加强产学研深度融合。科研人员要提高自身积极性,要加强科技创新和产业创新对接,加强以企业为主导的产学研深度融合,提高科技成果转化和产业化水平,不断以新技术培育新产业、引领产业升级。要立足行业发展进步的需求,与行业企业人才组建起专门用于服务科研的团队。加深与行业企业的合作,掌握当地经济发展的整体方向,为提升科研成果转化率奠定基础,为促进当地经济发展发挥自身的科研服务作用。

三是加强自身综合能力。科技成果转化和应用推广是一个复杂的、动态的生态系统,是由多方协调配合共同参与的活动,是推动科技创新的重要引擎,也是破解科技与经济"两张皮"难题的关键方法。科研人员除了要具备良好的专业知识和技术,还需要具备较强的综合能力,包括合乎逻辑的思维能力、灵活机智的应变能力、准确流畅的表达能力、高瞻远瞩的开拓能力、分析问题解决问题的能力、实际动手的操作能力、社交能力等。

> 1999 年,年仅 45 岁的张启发当选为当时最年轻的院士之一;2018 年未来科学大奖颁奖词这样描述,"立志新型农民,学成报效祖国,胸怀绿色梦想,水稻造福人类,从自主知识产权的水稻功能基因组研究,到少打农药、少施化肥、节水抗旱、优质高产的'绿色超级稻',再到重塑'鱼米之乡'的'双水双绿',张启发教授正一步步将绿色梦想变为现实。"如今他倡导黑米主食化,要"奉献对人类和地球都健康的食品"。邓秀新院士针对系列柑橘品种进行产业布局,实现让中国人一年四季能吃上柑橘,并在三峡库区形成"一树脐橙红全年"产业格局,带动地区脱贫致富。

(三)强化综合管理能力,确保项目顺利推进

一是强化信息处理能力。科技信息是现代科技的基础和科技发展的先导。

随着"互联网+"时代的到来，使科技信息畅通无阻，使信息得以系统化、标准化，既是创新的催化剂，也是创新的挑战。科研人员要不断提升分析信息能力，不仅要具备快速获取信息的能力，更要有打破"固化思维"的分析能力，具备超前的战略思维能力、敏锐的分析判断能力和市场洞察力，准确把握研究方向和研究重点，避免低级、重复的"无用功"，建立准确高效的研究平台。

二是提升团队管理能力。科研管理人员要了解国家相应的科研规划和政策法规，深入各科研单位，了解各学术梯队构成及研究方向、研究进展，了解学校的科研进展状况和科研优势，积极引导科研一线人员合理申报项目。要综合考量各种激励因素和规制因素，建立行之有效的科研辅助与支撑体系，提高科研人员的研究自主性。例如合理安排科研人员的课程数量、课时，或者设置专门的科研型岗位，给予科研人员相对自由的科研时间，能够使科研人员有足够的精力、时间投入自主研究中。

三是重视科研过程管理。科研管理人员要切实做好研发管理的日常管理，形成灵活高效的奖励激励体系和竞争机制，利用创新精神最大程度地充分调动、培养、维护好研发管理者的工作积极性和创造力。对科研项目要做到全过程的跟踪、检查及评议，对进度缓慢的项目及时进行督促，按时进行中期考核，从而保证项目在验收、成果报奖、转化与推广等方面能够顺利开展并按时、高质量完成。

（四）弘扬科学家精神，筑牢科技强国信念

科研这条路充满了艰辛和波折。科学家是奋斗出来的，而且往往背负着巨大的压力，没有"为实现中华民族伟大复兴"的理想，没有"板凳要坐十年冷"的决心，是很难成功的。所以，科研人员应当认真学习老一辈科学家的精神并内化为自己的行为准则，不负时代、不负韶华，为建设世界科技强国添砖加瓦。

一是要深刻领会科学家精神的科学内涵。科研人员应当大力弘扬以爱国、创新、求实、奉献、协同、育人为内涵的新时代科学家精神，为推动中国科技进步凝聚强大精神动能；以老一辈科学家为榜样，爱国奉献、潜心攻关，肩负起历史赋予的科技创新重任，深刻阐释科学家精神的内涵，坚定科学报国的理想信念。

二是要用科学家精神筑牢攀登科技高峰的信念根基。围绕中国式现代化建设要求，将服务科教兴国战略、创新驱动发展战略、乡村振兴战略等国家战略需求作为最高追求和根本目标，真正把科研工作与种子、耕地等关键核心技术

攻关结合起来，主动肩负起历史赋予的农业农村科技创新重任。以赤子之心、拳拳之情投身建设科技强国，书写新时代科研人员的使命，实现中国"科技梦"。

三是要让科学家精神代代相传。中国式现代化历程充满艰辛，建设世界科技强国、实现高水平科技自立自强任重道远。面对新形势新任务新要求，我们要回答好新的时代答卷，不负党和人民的期待和重托，就必须大力弘扬科学家精神，让科学家精神代代相传，为加快建设科技强国、实现高水平科技自立自强而奋力拼搏。

参考文献

陈甲武，2016. 新时期高校科研管理体制机制改革创新探析［J］. 科技传播（4）：123-124.

方晓霞，2021. 以科技自立自强支撑引领高质量发展［J］. 中国经贸导刊（中）（3）：11-12.

高枝，2023. 赋予创新主体和顶尖科学家更充分科研自主权［N］. 北京日报，2023-09-21（002）.

李志民，2023. 重视加强科技成果转化，完善国家科技创新体系［J］. 教育国际交流：57-60.

刘冬梅，赵成伟，2022. 提升系统化布局能力，推动区域创新［N］. 科技日报，2022-04-18.

潘睿劼，2023. 高校科研管理队伍建设的现状及对策分析［J］. 大众标准化（21）：119-121.

谢礼菁，2023. 高校科研经费"包干制"实施难点与对策研究［J］. 投资与创业，34（1）：165-167.

杨晨，2016. 浅谈科研人员应具备的基本素质［J］. 山西农经（4）：121-122.

张梅，2023. "从0到1"的基础研究［N］. 陕西日报，2023-11-07.

郑刚，2023. 加快机制创新推进学科交叉协同发展［N］. 中国教育报，2023-03-14.

周长峰，董晓辉，2023. 以全球视野谋划和推进科技创新［J］. 红旗文稿（23）：35-38.

本章主要研究人员

统稿人　朱华平　中国农村技术开发中心，研究员
　　　　李　萌　中国农村技术开发中心，助理研究员
参与人　童海燕　中国农村技术开发中心，高级工程师
　　　　李冰冰　中国农村技术开发中心，研究实习员
　　　　邓先云　潜江市高质量发展研究院，研究实习员
　　　　魏　刚　常州市金坛区指前镇综合保障中心，工程师
　　　　郭如海　浙江安吉农投高新集团有限公司，主管
　　　　王　庆　安徽省农业科学院，助理研究员

第八章　对策保障措施

建设农业强国，利器在科技，关键靠改革。科研项目组织管理水平关系着科技创新效能的整体提升。在顶层设计、项目组织实施、科技人才培养、创新资源整合、科研生态创造等方面提供对策做好保障，从而引领科研项目向"高远性、创新性、长期性、主动性、开放性"转变，引导科研人员聚焦"讲情怀、讲使命、讲担当、讲贡献"，是实现从"做科研项目"到"做科技事业"转变的关键。

一、注重顶层设计，明确"事业引领型"发展定位

科技事业的发展，离不开科技创新主体的广泛参与，各方创新主体要围绕职责，自上而下做好农业科技创新事业规划设计与部署落实。

农业科技管理部门应深入贯彻落实党中央对农业科技工作的决策部署，通过成立农业科技创新领导小组、战略咨询委会等多种形式，把农业农村科技创新摆在更加突出的位置加快推进。深入研判国际国内形势，进一步厘清国内科技领域现状、不足与短板。围绕"四个面向"，发挥新型举国体制作用，加强有组织科研，统筹农业科技重点攻关任务规划设计，详细制定 3 年、5 年及中长期规划，明确科技创新和攻关任务方向，确保农业重要领域研究全覆盖，避免因布局不当出现新的空白或短板。进一步加强农业科技原始创新，强化农业基础研究及基础性长期性任务部署，为农业科研持续高质量发展奠定基础。

项目管理专业机构要担负起职责使命，围绕党中央对科技创新和"三农"工作重大决策部署，贯彻落实国家科技计划管理改革精神，选优配强项目管理专业化队伍，坚持问题导向、应用导向、场景导向，持续创新项目管理举措，提升项目组织实施整体效能，落实产业科技理念，加强与行业部门、产业部门联动，集聚更多创新资源下沉乡村振兴主战场，将更多科技成果转化为现实生产力，为保障国家粮食安全和推动乡村振兴提供有力支撑。

项目牵头单位要提高站位，强化科研使命担当，在严格履行法人单位主体责任的基础上，立足单位基础，研判单位科技事业发展难点、重点及方向，明确发展目标、重点任务、实施路径等，制定短期、中长期的科研攻关、人才培养、平台建设、国际交流合作等规划目标，并研究出台相应的制度保障措施，激发科技人员和管理服务人员干事创业积极性，加强正负面激励及监督检查，主动落实各项支撑和保障工作。

科研工作者要心怀"国之大者"，围绕国家重大战略、重大需求，瞄准世界科技前沿，关注产业需求和共性问题，结合区域特色，选准科研方向，从自身价值实现等方面做好职业规划，树立"做科技事业"的职业目标，坚定不移、潜心研究，充分发扬新时代科学家精神，真做科研和做真科研，解决真问题和真解决问题，为农业科技事业发展贡献个人力量。

二、优化科研项目组织管理，强化"事业引领型"保障机制

科研项目组织管理是保障科研项目实施成效的关键，是提高整体科技创新能力的重要抓手。立足当前科研项目管理模式，强化有组织科研引导，创新项目组织模式和管理方式，对项目高质量实施、促进重大成果产出和产业发展具有重要作用。

（一）建立长期稳定的经费投入机制

稳定支持一批优秀人才和创新团队。围绕国家重大战略和需求，遴选国内顶尖科学家、优秀人才和优秀创新团队，给予稳定支持，可探索免去其竞争性项目申报、答辩等相关繁琐程序，使其安心投入科研，保障充足科研时间，提高重大任务执行效率。

稳定支持一批实施好、成果好的项目。在各类农业科研项目中，年度考核、中期考核及综合绩效评价优秀的项目，可选取20%~30%在下一轮项目立项上给予稳定支持、优先支持。在下一轮项目申报时重点关注申报内容关联性、延续性和创新性，同时对实施内容和经费匹配程度进行论证，保障项目质量。

稳定支持一批科研方向与重点任务。突出应用导向，统筹科技创新和产业创新，分类型、分层次进行有组织的稳定支持。聚焦国家重大战略，围绕种子、土地等重点领域，加强对基础性、前沿性科技攻关支持力度，要持续设计与部署，瞄准力量集中攻关。对于区域问题、产业问题，国家与地方要协同联

动，共同探索持续支持机制，调动省级农业科技管理部门积极性。

（二）创新多种类型经费管理方式

探索"前支持"+"后补助"的经费支持方式。根据任务目标实现程度、产业行业认可程度、项目经费进度及执行规范程度，结合成果产出的特点及项目执行情况进行动态调整，采用"前支持""后补助"等多种经费支持方式对项目进行资助，切实提升经费使用效益。

加大力度推行项目经费"包干制"。优化科研经费管理方式，进一步简化预、决算报表，探索"包干制"，提高经费管理制度的一致性，减少科研人员对各类预算科目等繁琐的财务事项的精力分配。

（三）深层次优化科研项目设计与形成机制

打破"圈子"现象，使科研项目实施方案与指南设计参与主体更加多元。在研究制定科研项目组织实施方案、年度项目指南时，既要发挥农业科技管理部门对目标任务、战略方向的总体把握能力，也要汲取行业部门、产业部门、顶尖科学家、优秀企业研发人员等各方意见与建议。调整上述几类参与人员的数量、质量和结构，探索成立新的考评小组，确保形成的项目任务和目标能够瞄准国家战略需求、农业农村发展急需。

面向产业需求实际提出科技需求，使科研选题来源更加全面。在原有向部门、地方、专家征集指南需求的基础上，加大向行业、企业、生产一线征集需求力度。探索建立从农业阵型企业、农技推广体系、现代农业产业技术体系等征集需求的渠道和机制，认真梳理凝练需求清单，把准方向、选准课题，从项目根源上解决"产业与科技""两张皮"问题。

优化国家科技专家库建设。吸纳更多来自产业部门、行业部门、企业等各类科技创新主体的专家进入国家科技专家库，并且深度参与项目评审、验收等重要环节，倒逼科研服务行业、产业发展。

（四）多角度创新科研项目组织实施方式

持续优化项目类型及组织方式。持续运用"揭榜挂帅""赛马制"等项目组织实施方式，推动关键核心技术攻关取得真正实效。充分发挥"部省联动"项目组织方式作用，增强国家与地方的统一、协调发展，通过项目引导和带动区域农业科技创新能力。

鼓励科研单位、企业、社会组织等形成技术创新联合体。针对农业技术问题，强化上下游联动，开展深入研究，形成系统、稳定、可长期合作的协同创新的团队。根据攻关类型和应用场景，探索"企业+科研单位"和"科研单位+企业"双牵头的项目组织方式。

探索实行项目动态退出机制。对于项目执行过程执行不力、研究方向大大偏离、研究成果不过关的科研单位或团队，采取动态调整退出机制，避免"重立项，轻过程"等急功近利的科研现象发生。对于被退出的单位或团队，纳入一定负面清单，并在以后项目评选过程中参考。

（五）分类改革科研项目验收与绩效评价机制

开展项目分类验收。基于农业科技创新长期性、区域性、季节性及不确定性因素等特点，开展适应其生长规律的验收形式，可探索在最适合、最能体现项目实施成效的、具有里程碑节点开展相应的、较为灵活的项目检查与验收。

建立用户反馈评价机制。坚持质量、绩效、贡献为核心的评价导向，建立用户参与项目评价验收的工作机制，根据项目任务特点，分别梳理来自行业、企业、管理部门、基层推广部门等不同层次不同类型用户群体并建立清单，会同用户代表参与项目综合绩效评价等关键环节，对项目实施能否全面准确反映成果创新水平、转化应用绩效和对经济社会发展的实际贡献作出全方位考量，引导农业科研人员更加注重问题导向、目标导向、场景导向、绩效导向。

持续优化综合绩效评价管理。加强对公开竞争、定向择优、定向委托等项目组织方式实施成效的研判，分析其优势、弊端和潜在风险；加强对"揭榜挂帅""赛马制"等项目实施模式成效的结果运用，凸显项目设置对农业科研贡献度的研判，不断探索新型项目组织方式，提高项目执行和管理水平。

加大对绩效评价结果运用。建立绩效评价结果正负激励机制。对综合绩效评价评为优秀的项目，建立奖励机制，在相关项目中探索周期性稳定支持时予以优先考虑，为"定向择优"推荐优势单位提供依据，通过颁发优秀证书、进行通报表扬等方式加大宣传和正面引导。对于综合绩效评价结果较差的项目，可通过一定范围内通报、一定期限内限制申报同类型项目等方式进行负面警示。

三、整合创新资源，加强"事业引领型"协同联动

科技创新和服务有效供给不足、科技和经济"两张皮"、科技创新和产业需求"两张皮"及供需对接不畅等问题日益凸显，越来越难以适应农业转型

升级和高质量发展要求。农业农村领域资源分散、创新主体协同不够，迫切要求统筹资源配置，加强协同创新，促进政产学研深度融合。

（一）加强多学科、跨领域协同，加快农业科技重大成果产出

加强相关领域多学科协同创新。在科研项目顶层设计、科研技术路线选择、科技成果转移转化不同环节中，注重吸纳生物、信息、材料等领域新技术与农业学科的融合发展。加大对跨学科研究团队的支持力度，促进不同学科之间的交流和合作。通过建立农业科技创新中心、技术转移中心等平台，将农业与其他领域的专家和企业家聚集在一起，共同探讨问题，寻找解决方案。

加强非农领域对农业领域的支撑作用。充分借鉴工业、信息、金融等行业对农业领域的支撑，借助互联网和信息技术手段，建立虚拟协同创新平台，跨地区、跨领域之间的交流与合作。在不同研究领域，通过多种方式的资源融合，挖掘农业科技创新对新产业、新模式、新业态的支撑作用。

（二）加快跨单位、跨部门协同，提高农业科研组织与管理服务效益

加强农业科技管理体系联动。加强农业科技项目主管部门、科研管理机构、地方农业科技管理部门、项目承担单位等管理主体的系统联动，加强各类涉农项目分类设计，加强"事业引领型"科研项目组织的统一实施，强化各级责任落实，共同推动和保障项目高质量执行，确保财政资金取得最大成效。

各级管理部门、承担单位、项目负责人等强化科技政策、项目管理政策的执行和落实。加强科研、纪检、审计等部门对科研项目、经费等管理标准和要求的一致性，确保相应科技政策互相支持、互相认可。

构建农业科技协同创新体系。集聚地方科技管理部门、高校、院所、园区县域等合力，打破部门区域界限，建立由相关管理部门、高校及科研院所、农业技术推广机构、农业龙头企业联合形成的农业科技创新体系，强化不同区域、部门、学科领域之间联合协作。

强化四链融合。打造农业领域科技创新联合体，鼓励多元化市场主体参与，推动金融、资本等创新要素下沉一线，搭建科企融合平台，畅通成果转化交易渠道，推动科技创新成果孵化转化，推动创新链产业链资金链人才链深度融合。

（三）突出企业科技创新主体地位，加强企业主导的产学研深度融合

进一步提升企业在科技项目指南形成、实施和验收等各环节的参与度和话语权。在项目总体方案、年度指南制定、项目验收时充分发挥企业出题人、答题人、阅卷人的作用，推进重点项目协同一体化，建立企业常态化参与国家科技战略决策的机制。

加大对企业科技创新的引导支持。鼓励、支持企业大力投入科技创新，支持其参与国家重大项目、重大科技基础设施和科技平台建设，建立企业主导的新型创新体系。出台一系列支持农业科技创新和企业发展的政策措施，如加大财政投入、提高科技创新税收优惠政策、鼓励金融机构加大对农业企业的信贷支持等，为农业科技型企业发展提供更好的环境和条件。

引导发扬企业家精神、培育企业创新文化。聚焦重点领域，以科技型领军企业为突破点，引导企业重视创新，培育企业创新意识，深入挖掘企业科技创新潜力，切实为企业发挥创新主体地位作用提供渠道。企业应加强员工的创新意识和创新能力培养，注重知识产权保护，提高自身的核心竞争力。

四、深化科技人才评价改革，培育"事业引领型"创新人才

在深入实施创新驱动发展战略和人才强国战略、加快建设科技强国的宏伟征程中，人才和创新要素的时代使命愈加凸显，充分发挥我国科技创新主力军的作用，全方位培养和用好科技人才是强化我国战略人才力量的关键。

（一）完善"事业型"科技人才发现机制

优化科研人才发现机制，建立多元化选拔途径。通过各种途径如学术竞赛、实习项目、推荐制度等，发掘具有科研潜力的人才。提升桅杆意识，通过国家级重大科技项目实施，推动科研人员从"做科研项目"向"做科技事业"转变，加快培养一批可堪大用、能担重任的青年科技人才。

优化科研人才筛选机制，设立科学的遴选标准。各级相关管理部门，应根据不同项目任务和性质，设立全面、客观、公正的评审标准，确保选拔出真正具有科研潜力的人才及战略科技力量。可适当借助第三方评审机构力量，提高评审的公正性和权威性，保障选拔结果的科学性和合理性。

（二）建立全方位、多层次、适度竞争的人才培养机制

建立"事业型"职业发展规划体系。科研单位应设立明确的职业晋升通道，激励科研人才为科研事业不断努力。提供丰富的培训和学习资源，帮助科研人才不断提升自身能力。建立完善的激励机制，包括薪酬、荣誉、职位等，激发科研人才的积极性和创造力。鼓励科研单位在基本科研业务费等资金中设立人才培养专项基金，加强对优秀人才科研工作的直接支持。

建立全方位的人才动态培养机制。科研单位和研究团队，注重对人才培养过程管理，适时进行跟踪，及时发现人才的科研进展、工作作风和工作表现，保持培养人才的积极性、主动性和高质量，引导科技人才对标国家重大战略需求，展现敢想敢为又善作善成的优秀特质，不断完善知识结构，大胆创新，敢于试错。

加大对人才的业务培训、管理培训和心理建设。邀请主管部门、院士专家、管理专家等，通过开展科技政策、项目执行管理要求、财务管理规定解读等培训，培养其科研思维、项目组织和执行能力，严守科研底线。关注科研人才的心理健康，帮助他们实现职业和个人目标的平衡等。

（三）完善"事业引领型"科技人才评价标准

强化绩效导向，聚焦科研项目对行业领域产生的贡献，激发科研人才创新活力。设立科研绩效评价标准，将科研项目的贡献度作为重要考核指标，引导科研人员关注项目对行业领域发展的实际影响。建立健全人才激励机制，为在科研项目中取得突出成果的科研人员提供奖励，包括经济激励、职称晋升、学术荣誉等。

推行多元化评价方式，创新科技人才评价机制。"破四唯""立新标"，突破对学术论文、学位、职称和资历的过度依赖，注重评价科研人员在解决实际问题、推动产业发展方面的贡献，将团队协作、创新能力、跨学科合作等多元因素纳入评价范畴，建立多元化的评价体系。鼓励创新性成果产出，重视实践性和应用性成果，提高这些成果在评价中的权重。

加大科技成果转化激励力度。建立科技成果转化奖励制度，对成功将科研成果转化为实际应用的科研人员给予经济奖励和职业发展支持。设立专项基金，支持科研成果转化过程中的技术研发、市场推广等环节。

五、营造良好创新氛围，培育"事业引领型"科研文化

培育正向创新文化，弘扬科学家精神，涵养优良学风，引导形成"讲情怀、讲使命、讲担当、讲贡献"的理念，营造尊重劳动、尊重知识、尊重人才、尊重创造的环境，形成崇尚科学的良好风尚。

（一）营造"做科技事业"良好科研环境

持续弘扬科学家精神。要通过新闻、媒体、影视、网络等多种方式，弘扬科学家秉持胸怀祖国、服务人民的爱国精神，勇攀高峰、敢为人先的创新精神，追求真理、严谨治学的求实精神，淡泊名利、潜心研究的奉献精神，集智攻关、团结协作的协同精神，甘为人梯、奖掖后学的育人精神，争做重大科研成果的创造者、建设科技强国的奉献者、崇高思想品格的践行者、良好社会风尚的引领者。

强化科研团队建设。团队负责人要躬身实践、以身作则、讲付出、讲贡献，构建符合团队自身特质和目标要求的文化内化于团队成员的内心，全力培育求真务实、高度协同、追求卓越、竞争有序、互利共赢的创新文化，使文化无处不在、无时不有，形成为科技事业做贡献的良好风气和价值取向。

（二）建立"事业引领型"科研诚信监督

进一步加强科研诚信规范。加强科研成果管理和评估，及时发现和解决问题。加强作风和学风建设，坚守诚信底线，对项目涉及的一系列科研活动、成果等要经得起推敲和检查，践行负责任的科研行为。

加强监督检查。各级政府部门、管理部门、项目承担单位等不同主体，对制定的科技政策、管理政策、各类规划、实施意见、行动方案、规章制度的落实情况进行有计划、有步骤、有针对性的监督检查，确保有利于科技创新的政策、制度落到实处。

强化科研诚信负面清单结果运用。从科研活动、科研经费使用、知识产权申请、科技成果转化等方面形成农业科技事业发展全过程的负面清单，加强对触犯负面清单的责任主体惩戒力度。

（三）加强"事业引领型"科研文化宣传

加强媒体传播。利用各类媒体平台，广泛宣传农业科技事业的重要意义和

职责使命，提升科研人员的社会形象，树立科研事业的正面形象。

加强成果展示。举办各类科研成果展示活动，让社会公众直观了解科研人员的努力成果，展示农业科技创新在推动国家和人民生活水平提高方面的重要作用，提高社会信心。

加强交流互动。组织各类学术交流和技术研讨活动，促进科研人员之间的交流与合作。通过互动，提高科研人员的创新意识、实践能力、合作精神。

加强文化建设。倡导以创新、求实、合作、奉献为核心价值观的农业科研文化。通过丰富多彩的文化活动，培育科研人员敢于创新、勇于担当的精神风貌。

本章主要研究人员

统稿人	王立丽	中国农村技术开发中心，研究员
	王璐瑶	中国农村技术开发中心，助理研究员
	赵婉莹	中国农村技术开发中心，助理研究员
	付广青	江苏省农业科学院，副研究员
参与人	卢兵友	中国农村技术开发中心，研究员
	李静红	中国农村技术开发中心，中级工程师
	何晓燕	中国农村技术开发中心，副研究员
	林建英	中国农村科技杂志社，初级
	苏 惠	中国农村科技杂志社
	肖 江	中国农村科技杂志社
	陈曦光	沈阳农业大学，讲师

展　望

　　当今世界百年未有之大变局加速演进，国际环境错综复杂，全球产业链供应链面临重塑，不稳定性不确定性明显增加，科技创新成为国际战略博弈的主要战场，围绕科技制高点的竞争空前激烈，我国发展面临的国内外环境发生深刻复杂的变化。

　　强国必先强农，农强方能国强。农业是关系国计民生的基础产业，是安天下、稳民心的战略产业。科技是人类历史发展最具革命性的关键力量，深刻影响和改变着一个国家的兴衰和命运。面对粮食与食品安全、能源与资源安全、生态与环境安全、传染性疾病与贫困等一系列重大全球问题和风险挑战，世界各国加强新一轮农业科技布局。农业科技革命已进入重要战略窗口期，"加快建设农业强国，扎实推动乡村产业、人才、文化、生态、组织振兴。"党的二十大在擘画全面建成社会主义现代化强国宏伟蓝图时，对"三农"工作进行了总体部署。习近平总书记指出"科技是第一生产力，人才是第一资源，创新是第一动力"，立足我国农业资源禀赋特点和需求，迫切需要向科技要答案、要方法，加快补齐短板，推动农业农村高质量发展，推动创新链产业链资金链人才链深度融合。

　　面对新时代新征程，就项目做项目已经不再满足新一轮科技革命发展要求和产业变革变化需求。基于科研规律特点，研究优化项目组织机制、抓好有组织科研的路径是农业科技事业发展的关键所在。事业引领型科研项目组织机制、管理理念与模式创新，将有望成为落实党中央对科技创新重要部署的有力举措，成为有关科技管理部门落实科技计划管理改革精神的有力抓手，成为遵循科研规律的有力体现，成为优秀科研团队的心声共鸣。

　　时代召唤，使命在肩。农业农村科技供给水平和质量，决定着建设农业强国、科技强国的信心和成效。广大科技工作者要以时时放心不下的使命感、责任感，主动投身我国科技事业发展大局，要以与时俱进的精神、革故鼎新的勇气、坚忍不拔的定力，面向世界科技前沿、面向经济主战场、面向国家重大需求、面向人民生命健康，把握大势、抢占先机，直面问题、迎难而上，肩负起时代赋予的重任，努力实现高水平农业科技自立自强！